园林植物造景
与应用管理技术研究

陈良万　著

延吉·延边大学出版社

图书在版编目（CIP）数据

园林植物造景与应用管理技术研究 / 陈良万著.
延吉 ： 延边大学出版社, 2024. 8. -- ISBN 978-7-230
-06990-8

Ⅰ. TU986.2

中国国家版本馆 CIP 数据核字第 2024D1S350 号

园林植物造景与应用管理技术研究

著　　者：陈良万
责任编辑：魏琳琳
封面设计：文合文化
出版发行：延边大学出版社
社　　址：吉林省延吉市公园路 977 号
邮　　编：133002
网　　址：http://www.ydcbs.com
E-m a i l：ydcbs@ydcbs.com
电　　话：0451-51027069
传　　真：0433-2732434
发行电话：0433-2733056
印　　刷：三河市嵩川印刷有限公司
开　　本：787 mm×1092 mm　1/16
印　　张：11.75
字　　数：220 千字
版　　次：2024 年 8 月　第 1 版
印　　次：2025 年 1 月　第 1 次印刷
ISBN 978-7-230-06990-8

定　　价：68.00 元

前　言

在我国，通过植物造景进行园林景观设计已经有几千年的历史，在植物园林设计方面涌现出了众多杰出的园林艺术作品。同时，我国在园林设计构景规律理论和园林审美意境追求方面也取得了不俗的成绩。景观植物是园林设计的重要组成要素，不仅可以充分满足园林设计的基本空间构成与艺术构图需要，而且有利于提高园林生态效益，探索人类生活环境与植物景观设计的未来导向和实践应用，还为人们日常遮阴、降暑与防灾等做出了重要贡献。因此，近年来越来越多的园林设计专家开始提出要针对一些园林建设中的假山、喷泉等非植物类的硬质景观进行生态园林改建，提高园林建设中的植物比例，形成以绿色植物为主的园林景观建设。

目前，园林植物造景设计中仍存在一些问题。例如，园林设计中植物造景的"质""量"发展不平衡。园林中的绿色植物达到一定比例是进行园林设计的基本前提，但是绿色植物达到"量"的要求之后，还需要通过园林设计进行植物景观配置，使植物景观达到"质"的要求，从而最大程度地发挥植物的生态效益、社会效益与经济效益。但是，相关园林设计人员在进行植物景观设计时，很容易偏重某一方面，而使植物景观"质""量"失衡，这不利于园林设计中经济效益与生态效益、社会效益的统一。

又如，园林设计中植物造景的科学性有待提高。在进行植物造景时，植物的配置和种植不仅要满足植物本身的生长需要、场地需要，还要进行景观设计，对植物造景的效果进行合理的预见，避免出现过大的偏差而影响园林设计整体的艺术性。但是，在实际的植物造景设计过程中，设计者通常将生长于近乎理想条件下的植物的状态作为植物造景效果预见的标准，忽略了植物实际种植地的具体条件、植物间的干扰等对植物生长具有重要影响的因素，而这些因素往往会使植物体积、生长率等无法达到预期的效果。因此，在实践中，相关人员应重视园林植物造景设计的科学性与专业性，提升设计水平。

首先，植物造景在园林设计中的应用要遵循生态原则。温度、湿度、光照强度及土壤成分等环境因素，都会对植物的生长发育产生重要影响，不同的环境条件适合不同品种植物的生长，而植物正常生长是植物造景在园林设计中应用的前提条件。只有满足植物的生长习性，才能利用植物造景进行园林设计，营造良好的生态环境。所以，植物造景在园林设计中的应用必须遵循生态原则，在保证植物本身基本生长习性的前提下，结合生态学原理，选择可以适应当前环境且养护管理方便的植物进行造景，做到生态上的

"适地适树"，提高植物的绿化成活率，节约植物造景成本，形成高质量的绿化景观，有效缓解环境恶化。

其次，植物造景在园林设计中的应用要与具体应用场所相适应。不同场所需要营造的氛围不同，进行植物造景所选植物的艺术形象也有很大区别。同时，植物造景要注意协调空间环境。空间较大时应选用体形高大的树种进行植物造景，反之，则应选择一些低矮且树冠通透，或冠形较窄的树种错落种植。

总而言之，在进行园林设计时，要根据景观植物的不同特点，从客观实际出发，遵循生态原则，结合园林植物的具体应用场所及文化背景，科学地进行植物造景，营造出美观、舒适与生态相统一的环境氛围。这样，就能够将绿色植物很好地"融入"钢筋混凝土中，构建出"生态节约型园林"，达到人与自然的和谐统一。

本书由陈良万撰写，张世英对整理本书书稿亦有贡献。

目　　录

第一章　　园林植物造景概述

第一节　　园林植物的功能

园林植物的基本功能概括起来有生态功能（维持氧气与二氧化碳平衡、吸收有毒有害气体、削弱噪声、减少烟尘、生态防护等）、空间构筑功能、美化功能（体现城市风格、增强城市建筑艺术效果、装饰生活等）、实用功能（遮阴、避雨、遮光、康体保健等）、情感功能（增进友谊、陶冶情操等）、商业功能（包括直接经济价值与间接经济价值）、科教功能等。

一、生态功能

（一）改善小气候

园林植物改善小气候的功能，包括调节气温、控制强光与反光、防风等。

1.调节气温

乔木、灌木及草坪植物都能以控制太阳辐射的方式调节气温，主要是因为树木的叶片会拦截、反射、吸收和传送太阳辐射。树木控制太阳辐射的效果，需要视树叶的密度、形状及枝条的排列形式而定，树木可通过蒸散作用调节夏天的气温。天气寒冷时，树木可降低风速，在逆风与顺风处形成庇护空间以调节气温。

2.控制强光与反光

栽植树木可遮挡或柔化直射光或反射光。树木控制强光与反光的效果，取决于其体积及密度。单数叶片的日射量，因叶质不同而异，一般在 10%～30%，若多数叶片重叠，则日射量更少。

3.防风

乔木或灌木可以通过阻碍、引导、偏射与渗透等方式控制风速。树木体积、树形、叶密度与滞留度，以及树木栽植地点，也可影响控制风速的效果。群植树木可形成防风带，其作用大小因树高与渗透度而异。一般而言，防风带的高度与宽度比为 1：11.5，且防风带植物密度在 50%～60%时，防风效力最佳。

（二）净化环境

1.降低噪声

来自高速公路、飞机场、工厂的噪声是城市应解决的问题。对于一些特定频率声音而言，植物带来的影响比其他物体更有效，如乔木能通过控制额外的低音来降低噪声的影响。在声源和接受者之间的植物，可以通过吸收音量、改变声音的传播方向、打破音波等方式来降低噪声。为了达到降噪的目的，植物种植必须密集，种植范围通常长 25～35 m，宽 24～35 m。声波的振动可以被树的枝叶吸收，尤其是那些长有许多又厚又新鲜的叶子的树木。长着细叶柄、具有较大弹性和振幅的植物，可以反射声音。在阻隔噪声方面，植物可使噪声减弱，其噪声控制效果受植物高度、种类、种植密度和音源、听者的相对位置的影响。大体而言，常绿树比落叶树具有更好的噪声控制功效，若与地形、软质建材、硬面材料配合，会达到更好的隔音效果。

2.控制污染

植物是大气的天然"过滤器"，但是如果污染太严重，就会影响植物的生长，甚至会使植物死亡。植物通过降低空气中细小颗粒的含量来提高空气质量。植物具有降低风速的基本作用，可使空气中飘浮的较大颗粒落下，而较小颗粒被吸附在植物表面（主要是叶面上）。许多植物（如松树、杜鹃花等）对受污染的空气十分敏感，相反，银杏、欧洲夹竹桃等却较能"忍受"受污染的空气。

植物在减轻空气污染方面的作用：污染空气的物质有些是固体，有些是液体，植物放出氧气以稀释空气中的污染物质或直接吸收硫化氢、二氧化硫及二氧化氮，同时，污染空气的其他固体粒子也可被植物所吸附。

（三）环境污染的防治与警示作用

1.防治作用

植物对污染物有移除、阻碍等效用，对噪声、受污染的空气、污水具有防治的功能。在污水处理方面，土壤及植物被视为"活的过滤器"。植物的根与土壤表层可使含过量养分及清洁剂的水分存留较久。这些留在土壤表面的营养物质及清洁剂会被微生物分解，也可能通过化学沉淀、离子交换、生物转变等方式被移除，或被植物的根吸收。

2.警示作用

环境污染对植物的光合作用和新陈代谢有不同程度的影响。人们可由周围环境植物的劣变得知环境的恶化，推测环境恶化的程度。此类植物可作为生物指标，人们由此类植物的病症可推知环境污染的状况。

在园林植物造景时，根据植物对环境的影响特性，可设计藤架、丛林、灌木篱墙、凉廊、凉棚、格子式亭架等，从而影响和调节小气候。

二、空间构筑功能

建筑师是用砖、石、木料等建造房屋的，而在园林植物造景设计中，景观设计师则是使用单株或成丛的园林植物来创造绿墙、棚架、拱门和具有茂密植被的地面等，从而构筑游憩空间的。

植物本身是一个三维实体，是园林景观营造中组成空间结构的主要成分。枝繁叶茂的高大乔木可视为单体建筑；各种藤本植物爬满棚架，如同天花板或屋顶；绿篱整形修剪后颇似墙体；平坦整齐的草坪铺展形成柔质水平地面。因此，植物也像建筑、山水一样，具有构成空间、分割空间、引起空间变化的功能。植物造景在空间上的变化，也可通过人们视点、视线、视境的改变而产生"步移景异"的空间景观变化。在园林景观营造中，设计师往往是根据空间的大小，树木的种类、姿态、株数及造景方式来组织空间景观，划分空间，形成不同的景区和景点的。

三、美化功能

（一）园林植物能够表现时序景观

园林植物随着季节的变化表现出不同的季相特征，春季繁花似锦，夏季绿树成荫，秋季硕果累累，冬季枝干遒劲。这种盛衰荣枯的生命节律，为人们创造园林四时演变的时序景观提供了条件。根据植物的季相变化，设计师可以把不同花期的植物搭配种植，使同一地点在不同时期产生特有的景观，给人们不同的感受，使人们体会时令的变化。

（二）园林植物能够创造观赏景点

园林植物作为营造园林景观的重要材料，本身具有独特的姿态、色彩、风韵。不同的园林植物形态各异、变化万千，设计师既可孤植以展示个体之美，又可按照一定的构图方式造景，表现植物的群体之美，还可根据不同植物的生态习性，合理安排，巧妙搭配，营造出乔、灌、草组合的群落景观。植物造景艺术基本上是一种视觉艺术，利用植物的不同特性，可在园林中构成主景、障景、框景、透景等景观形式。

园林植物造景设计的艺术魅力是无穷的，植物本身就非常有趣，植物的形态会使人产生愉快、惊奇、激动等情绪上的变化。就拿乔木来说，银杏、毛白杨树干通直、气势轩昂，油松曲虬苍劲，铅笔柏则亭亭玉立，这些树木单独栽培即可构成园林主景；而大面积种植变色树种（如枫香、乌桕、火炬树、银杏等），可以在秋季形成"霜叶红于二月花"的景观；许多观果树种（如海棠、柿子、山楂、火棘、石榴等）在累累硕果时，可表现出一派丰收的景象。

植物芳香的气味、美丽的色彩、有触觉的组织会使观赏者产生浓厚的兴趣。许多园林植物芳香宜人，能使人产生愉悦的感受，如白兰花、桂花、蜡梅、丁香、茉莉、栀子、兰花、月季、晚香玉等。在园林景观设计中，设计师既可利用各种香花植物进行造景，营造"芳香园"景观，也可单独种植于人们经常活动的场所，如在盛夏夜晚纳凉场所附近种植茉莉和晚香玉，微风送香，沁人心脾。

色彩缤纷的草本花卉更是创造观赏景观的好材料。花卉种类繁多，色彩丰富，株体矮小，在园林应用中十分普遍，形式也是多种多样。既可露地栽植，又能盆栽摆放组成花坛、花带，或采用各种形式的种植钵种植，点缀城市环境，创造赏心悦目的自然景观，烘托喜庆气氛，装点人们的生活。

（三）园林植物能够形成地域特色

植物生态习性的不同及各地气候条件的差异，使植物的分布呈现地域差异性。不同地域环境形成不同的植物景观，如热带雨林及阔叶常绿林相植物景观、暖温带针阔叶混交林相植物景观、温带针叶林相植物景观等都具有不同的特色。

应根据环境气候条件选择适合生长的植物种类，营造具有地方特色的景观。各地在漫长的植物栽培和应用观赏中形成了具有地方特色的植物景观，并与当地的文化融为一体，甚至有些植物材料逐渐演化为一个国家或地区的象征。例如，棕榈、大王椰子、槟榔营造的是一派热带风光；雪松、悬铃木与大片草坪形成的疏林草地展现的是欧陆风情；而竹径通幽、梅影疏斜表现的是我国园林的清雅隽永。日本把樱花作为国花并大量种植，每当樱花盛开的季节，男女老少都到野外或公园观赏樱花，载歌载舞，享受樱花带来的精神愉悦，场面十分壮观。荷兰的郁金香、加拿大的枫树、哥伦比亚的安祖花也都是极具地方特色的景观植物。

我国地域辽阔，气候迥异，园林植物栽培历史悠久，形成了丰富的植物景观。例如，海南的棕榈科植物、成都的木芙蓉、重庆的黄葛树、深圳的叶子花、攀枝花的木棉等，都具有浓郁的地方特色。运用具有地方特色的植物材料营造植物景观，对弘扬地方文化、陶冶人们的情操具有重要意义。

（四）园林植物能够用于意境的创作

利用园林植物进行意境的创作是中国传统园林的典型造景风格和宝贵的文化遗产，亟须挖掘整理并发扬光大。中国植物栽培历史悠久，文化灿烂，很多诗、词、歌、赋和民风民俗中都留下了歌咏植物的优美篇章，并为各种植物材料赋予了人格化内容，使植物观赏从欣赏植物的形态美升华到欣赏植物的意境美。

在园林景观创造中可借助植物抒发情怀，寓情于景，情景交融。松苍劲古雅，不畏霜雪严寒，挺立于高山之巅；梅不畏寒冷，傲雪怒放；竹则"未出土时先有节，便凌云去也无心"。这三种植物都具有坚贞不屈的品格，所以被称作"岁寒三友"，用这三种植物造景，意境高雅而鲜明。荷花"出淤泥而不染，濯清涟而不妖，中通外直，不蔓不枝"，用来点缀水景，可营造出清静、脱俗的气氛。牡丹花花朵硕大，植于高台显得雍容华贵。

（五）园林植物能够起到柔化建筑的作用

植物的枝叶能够呈现出柔和的曲线，不同植物的质地、色彩在视觉感受上有着显著差别，园林中经常用柔质的植物材料来软化生硬的几何式建筑形体，如基础栽植、墙角种植、墙壁绿化等形式。一般在体形较大、立面庄严的建筑物附近，选栽一些干高枝粗、树冠开展的树种；在玲珑精致的建筑物四周，选栽一些枝态轻盈、叶小而致密的树种。现代园林中的雕塑、喷泉、建筑小品等也常用植物作为装饰，或用绿篱作为背景，通过色彩的对比和空间的围合来加强人们对景点的印象，产生烘托效果。

（六）园林植物能够起到统一和联系的作用

景观中的植物，尤其是同一种植物，能够使两个无关联的元素在视觉上联系起来，形成统一的效果。例如，在两栋缺少联系的建筑之间栽植上植物，可使两栋建筑物产生联系，使整个景观的完整感得到加强。要想使独立的两个部分（如植物组团、建筑物或者构筑物等）产生视觉上的联系，只要在两者之间加入相同的元素，并且最好呈水平状态延展，比如加入球形植物或者匍匐生长的植物（如铺地柏、地被植物等），从而产生"你中有我，我中有你"的效果，这样就可以保证景观的视觉连续性。

（七）园林植物能够起到强调和标示的作用

某些植物因其特殊的外形、色彩、质地，能够成为众人瞩目的对象，同时也会使人们关注其周围的景观，这一点就是植物强调和标示的功能。在一些公共场合的出入口、道路交叉点、庭院大门、建筑入口等需要强调和标示的位置运用植物合理造景，能够引起人们的注意。

植物材料能够强调地形的高低起伏。在地势较高处种植高大、挺拔的乔木，可以使地形起伏变化更加明显；如果在地势较低处栽植植物，或者在山顶栽植低矮的、平展的植物，可以使高低起伏的地形趋于平缓。在园林景观营造中应用植物的这种功能，可以形成突兀起伏或平缓的地形景观。

四、实用功能

植物可为水土流失、交通、视线阻隔等工程问题提供解决的办法，在适当的地方进行正确的植物种植可控制水土流失，调节交通状况，调控视线。

（一）控制水土流失

树木会拦截雨水，达到减少地表径流的效果。植物会产生有机质，土壤中有机质的数量增加，可提高土壤的吸水力，从而减少水土流失。乔木与灌木、地被植物、草坪植物，可保护土壤，使之免受风蚀。

水土流失是由陡坡地表覆盖的土层较薄、土壤极其干燥或较大强度降雨的冲刷等因素综合在一起造成的。土壤的流失程度是由暴露在风雨中的场地、气候因素、土壤本身的特性，以及地形中斜坡的长度和坡度等因素决定的。适当地种植植物可以减缓或消除土壤流失，这主要是因为树的枝叶可以减小雨滴降落的冲击力；植物的根系可形成纤维网络，从而达到固定土壤的效果；土壤表层的覆盖物（如树叶或其他有机质）可加快土壤吸收水分的速度。

（二）调节交通状况

在人行道、车行道、高速公路和停车场种植植物，有助于调节交通。例如，种植带刺的多茎植物是引导步行方向的极好方式。用植物影响交通，依赖于所选择的植物种类和车辆速度。高速公路隔离带中的植物既能减少日光的反射，也能将夜晚车灯的亮度降到最小。在停车场种植植物也能减少热量的反射。行道树不仅增添了道路景观，同时也为行人和车辆提供了遮阴的环境。

（三）调控视线

植物既可以通过阻挡视线创造私密空间，遮掩不好的景观，也可以构成一些非常协调的景观，这些景观的规格、场地面积及观赏条件决定了其景致的质量。观赏者的游览速度直接关系到他对景观的感知程度，如果观赏者是以步行的方式游览，植物种植的密度应该大些；如果观赏者是骑车或乘火车游览，植物种植的密度应较稀疏些。

第二节　园林植物造景的含义及原则

一、园林植物造景的含义

园林植物造景是运用乔木、灌木、蔓藤植物，以及草本花卉等素材，通过艺术手法，结合环境条件，充分发挥植物本身的形体、线条、色彩等美感，创造出与周围环境相适宜、相协调，并表达一定意境或具有一定艺术空间功能的活动。园林植物造景主要包括两方面内容：一是各种植物相互之间的造景（要考虑植物种类的选择与组合，平面和立面的构图、色彩、季相及园林意境）；二是植物与其他要素（如山石、水体、建筑、园路）之间的搭配。

园林植物造景是一门融科学性与艺术性于一体的应用型学科。一方面，它营造现实生活的环境；另一方面，它又反映意识形态，表达强烈的情感，满足人们精神方面的需要。要"创作"完美的植物景观，科学性与艺术性两方面的高度统一非常重要，即既要满足植物与环境在生态适应上的统一，又要通过艺术构图原理体现出植物个体与群体的形式美，以及人们在欣赏时所产生的意境美，这是园林植物造景的一条基本原则。因此，园林植物造景不仅包括视觉艺术上的景观，还包括生态上的景观、文化上的景观。

二、园林植物造景原则

（一）经济性原则

无论是"适地适树"还是"种植乡土植物"，其实都是经济问题。"合适的种植"通常包含三个方面的内容：其一，"种下"就能够"成活"，无须返工。任何工程项目，返工都需要额外费用，这不但会削弱整体的盈利能力，还会推延其他项目的施工进度，导致其他建设项目原料采购的质量下降（施工方可能为节省成本而采取消极策略）。其二，所种植的植物在工程完成之后能够顺利地成活，各种后期维护的费用低，达到低消耗的状态。其三，群落中的植物各得其所，产生互助关系而非竞争关系，植物之间没有因为竞争而死亡，这是比较经济的方法。

经济性原则的基本要求就是避免可能发生的浪费，经济性原则在项目实施前的设计阶段起到了相当重要的作用。慎重设计是设计者的一种职业道德。对于园林植物配置，设计者应集合设计小组，甚至集合甲方，通过讨论产生设计结果。构思停留在纸上的时候，仍旧是成本低廉的，甚至是可以推翻重来的，而一旦开始从苗圃中起苗，失误或错误导致的经济损失就不可避免了。

1.因地制宜

因地制宜指依据地质情况、气候特征、具体地形、光照强弱、补给水源、土壤特性等生态环境条件，根据植物设计服务的类型，对道路、广场、防护带、滨水、山体、建筑边缘等各种景观类型做出不同安排。同时在设计中需要依据植物的生理习性，合理地选择植物，将各种植物因地制宜地配置为一个自然式或规则式的人工植物群集、组群、种群或群落。

2.可持续发展

园林的可持续发展需要相关部门共同努力。由于责任的承担呈现阶段性和阶梯性特点，所以每个阶段的责任人均需尽职负责。在植物配置设计造景阶段，为了使园林中的植物健康并可持续地生长，至少应该对配置的植物生长环境进行充分、公正和科学的评估，包括对所属位置的光照条件、土壤情况、环境温度及变化规律、来去水情况、空气质量情况、植物之间的相生相克关系、人为破坏的可能性、病虫害发生的可能性（是否靠近农用地）、未来甲方的养护委托意向等。设计需要解决很多问题，但由于有些问题是后发的，因此应当写入文本内，以设计备忘录的形式给予园林业主必要的提醒。能够在设计阶段解决的问题不应留给以后的责任单位，这才是真正意义上的可持续发展。

植物配置需要利用活体植物创造景观，每株植物都有一个生长、发育、衰老、死亡的过程。随着时间的推移，植物的形态、色彩、生理功能及所占据的空间等都会不断地发生变化，这种变化均为事实上可以利用的图景景观。这也客观地需要设计师在植物配置时具备一定的预见性。

3.经济高效

经济高效需从三个角度来讨论：

第一，园林设计的目的是造景，从经济学角度而言，多角度观赏、一景多用、景观互借才是高效的设计（为植物所用）。因此，应充分发挥景观的综合功能，力求经济、高效。

第二，使用合适的植物，要求美观、采买方便、施工便捷、适地性好、抗病虫害、耐寒耐旱、后期维护成本低等。

第三，种植可持续创造衍生价值的植物，具备一定的后期衍生经济价值是给园林锦上添花的好事情。

设计师需要根据绿地类型来安排植物配置的合理经济消耗量，即园林养护费用。比如道路绿地，一板多带的道路绿地的主要功能是组织交通、美化道路、调节生态和缓解司机视觉疲劳等。另外，功能性园林是以组织交通功能和承担城市生态服务功能为主的，美化道路是功能性园林的次要功能。由于道路型园林的植物配置需要的植物绿量非常大，同时难以获得"立竿见影"的景观效果，因此需要种植价格便宜、生态价值高、容易养护、生长迅速、抗性强的植物。现在业内都在积极地倡导节约型园林，应考虑植物配置的科学性以避免造成不必要的浪费。

4.以人为本

任何设计其实都是为人创造环境的过程。植物配置设计造景上的"以人为本"，就是一切从人的生存、生活、健康、审美等需求出发，创造满足人的行为和心理活动所需要的人工生态环境。

不同的人对同一个空间可能会有不同的审美方式，只有当设计者的设计能够很好地契合目标使用人的行为诉求和心理需求时，植物配置设计造景才能发挥最大的价值。但是我国的园林大多是综合性的，这就要求设计者必须考虑更多的具体问题，常常是越细致、深入、全面越好。

5.联想文化

成功的植物配置常常是带着诗意的。设计者把反映某种人文内涵、象征某种精神品格、代表某种文脉意义或历史典故的植物进行文化性、科学性的合理配置，是提高植物配置品位的有效途径。

每一种植物都被赋予不同的人文内涵，如"岁寒三友"指松、竹、梅，梅、兰、竹、菊被称为"四君子"，前者代表坚贞隐忍，后者有才情高的意蕴。

（二）生态性原则

生态性原则是根据园林植物品种的自身（立地）条件，结合项目负责人的踏勘情况及其对整体环境的掌握情况，使未来各种设计植物安适地生长的原则。

在目标园林项目中引进非本地植物种，在景观视觉方面是必要的，但相比之下，使用乡土树种更为可靠、经济与安全，同时也能够减少景观同质性，具备地方特色。我国北方城市受地理位置与自然环境条件的限制，可在户外生长的常绿植物品种（品类）的资源有限，导致在冬季少有绿色。如果盲目引进常绿植物种，又未进行细致的呵护，势必引发植物大量死亡，造成不必要的浪费。事实上，即便热带植物也能在我国北方立地生活，只不过需要付出相对较大的经济代价。

植物配置的较高境界，是能够在美学的基础上模拟出含有多种植物（植物多样性）的自然群落。自然界的绝大多数自然群落不是由单一的植物种组成的，而是由多种植物种类和各种非植物生物组合而成的。中国样式的园林通常是具有自然风貌的人工地景园林，因此需要特别注意生物的多样性。而现在常见的一些项目也受到西方设计思潮的影响，出现了一些具有"极简主义"等风格的园林。

我国园林的植物配置特别注意乔、灌、篱、草、地结合，尽量将它们组合为一个群落，植物群落通常既能够提高植物存活率和稳定性，也有利于对其中较为珍稀植物的保护。植物群落通常会自发地利用高、中、低不同层次的空间，这既能使直接得光的叶面积指数增加，也能提高植物的生态效益和环境质量。

生态性园林植物配置，多在较大面积的项目中实现，但诸如城市交通性带状绿地等园林类型，更强调视线安全限制和交通引导等功能，所以通常会营造出较为整齐划一的绿化形态。当然，这种配置方式在空间结构上缺乏群落的分层，往往采用的是单纯的草木、色块灌木，或草木、灌木、乔木相互孤立的种植方式，而生态稳定性较强的乔灌草结构则较少见（事实上如果绿带面积足够大，这种结构是可以部分实现的）。交通性绿地块，需要不断地进行后期的园林服务。

1.地方特色

植物配置设计造景应尽量多地选用乡土植物，营造具有地方特色，能反映地区民族传统和文化内涵的地方性景观。地域特色是一个地域或地方文化体系中的一个子系统，是由本土文化与所处城市社会发展现状共同创造的。在物流、信息等高度发达的今天，地域文化和本土文化都不可避免地受到冲击。在这种背景下，探求一个国家、地区、民族的景观地域特色文化的延续与发展显得尤为迫切。特别需要论述的是，在千城一面、严重同质化、地方特色普遍缺失的情况下，越是具有地方特色的，反而越是特殊的。

不同的园林所在的地域不同，自然环境、人文背景、植物材料、性质、功能等都不尽相同，必须因地制宜，随势生机，创造各不相同且富有个性的景观。有个性就是有特色，特色是园林艺术所追求的基本原则，植物配置也不例外。

2.艺术、科学与功能相结合

植物配置是感性和理性相互结合，共同创造人工景观的过程。设计者要根据自身的美学素养，按照美学原理把植物的艺术美充分展示出来，如植物的形态、色彩、质地、光影及其与其他园林物质要素之间的组合布局等，都要表现出一定程度的艺术性，从而创造出一个源于自然而又高于自然的优美生境。但同时，植物作为值得尊重的生命体，具有一定的生物学特征，植物配置的艺术性必然建立在科学合理的基础之上，只有这样才能创造出长久稳定的生态美景。

在植物配置中，还应该充分考虑物种的生态位特征，也就是说合理选配植物种类，避免出现种间直接竞争的现象，从而引发植物死亡，造成经济损失。设计生态位结构合理、功能健全、种群稳定的复层群落结构很重要。不同地理位置、不同气候条件、不同水土的城市，有适合本地生长的植物种类和植物群落。将这些本土植物种类及群落运用到园林绿化项目中，可以使园林绿化具有鲜明的地域特征，具有明确的可识别性与特色属性。例如，穿行在以椰树、散尾葵、棕榈等植物为行道树的街道，人们会强烈感觉到岭南风情；而漫步于青杨树林中，人们就会感觉到中原的独特风格；如果道路两侧都有白桦掩映，又会给人一种身处西北的感觉。使用乡土植物，无疑是较为生态的。

（三）美观性原则

设计必须向美，设计人必须有爱美之心，美有逻辑，美存因果，美是人类质朴的善意。

规则式园林植物配置多为对植、行植、列植，而在自然式园林中，多采用不对称的自然式配置，充分利用植物材料的自然姿态。在具体设计时，应根据局部环境和整体布局的要求，采用不同形式的种植形式。在入口、大门、主要道路、广场、大型建筑物附近多采用规则式种植，在自然山水、私家庭院及不对称的小型建筑物附近则采用自然式种植。

园林植物随着季节而发生色彩变化，色彩可以突出一个季节的植物景观主题，于统一中求变化。尤其是条形绿地，可做到四季皆有景可赏，即使以某一季节景观为主的园林也适宜点缀其他季节的植物，否则会显得单调。

在设计时要全面考虑园林植物种的形观、色观、嗅观、声观效果，植物的景观层次和远近观赏效果。远观常看整体及其大片的效果，如大片秋叶、群花等，同时也需与建筑、山、水、道路的关系和谐。在设计中，针对某种植物的设计，要看这种植物与其他植物的总体配合是否合适，如高矮、轮廓、叶、枝、花、果。

1.多样与统一

多样与统一又常被称为"统调"，伟大的艺术是把繁杂的多样变为高度化的统一。在植物景观设计中，植物的外形、色彩、线条、质感及相互结合等都应具有一定的变化，以显示差异性，同时也要使它们之间保持一致性，以求得统一感，做到在统一中求变化，变化中求统一。

2.对称与平衡

对称强调规则性、平衡感和稳定感。植物景观配置的对称与平衡，不是单纯的对对称格局的布置，而是形成某种整体的稳定感和秩序性。

3.对比与调和

对比与调和本身是相互矛盾的两个要素。植物的色彩、形态、质感和体量、构图等对比，能创造出比较强烈的视觉效果，使人们获得较强的美感体验。调和是采用中间色调或折中风格使原本的对比达到视觉和谐。

缺乏对比，构图就缺乏变化，显得沉闷。如果全是对比而缺乏调和，那么难以达到平和或平衡的效果。对比与调和正是植物配置设计的妙趣所在。

4.韵律和节奏

要想让植物配置活泼、生动和有趣，就要使用有韵律和节奏的构图手法。植物有规律的变化所产生的韵律感能有效地避免单调。简单韵律、交替韵律和渐变韵律都在动态观赏时起到作用，在静态观赏时则效果有限，所以这种设计可以多用在交通性绿地中。例如，路旁的植物高低起伏、疏密相间或变化复杂，可以有效地使路上的司机保持清醒状态。

5.比例与尺度

园林本身具有三维空间特性，所以植物株体与株体之间、植物要素与要素之间必然形成一定的比例关系，这种比例关系起到了空间塑造作用，形成了一定的美感。

与园林建筑等硬质景观不同，植物景观配置的相关空间比例，不但要考虑三维空间尺度，还需考虑植物在第四维度——时间方面的维度变化。简单地说，种植的较幼小的园林植物，随着时间的推移，逐渐长大，原先的尺度比例关系发生变化，空间逐渐变得拥挤和狭窄。这就要求园林植物配置设计师必须具备一定的前瞻性。

6.功能性

功能性是美的最低要求，可以说，如果园林连功能性都不能满足，那么园林就失去了存在的价值。

7.适应园林主题及情境

园林植物配置工作是配合上一层次的园林设计主题与情境而进行的进一步工作，是设计工作的内部协调。某一个园林项目，需要全部工作环节紧密地围绕中心主题逐步开展，过分突出主题，甚至跑题，都是不允许的。当然，适应了园林主题和预设的情境，会给设计方案锦上添花。

8.秩序分明（主次分明）

秩序分明（主次分明）只是构图的一个原则。设计者需要运用很多种植物，如果单株美的植物尽收其中，没有主次、前后、轻重，就有可能杂乱无章。就植物的安排而言，要想在园林的植物配置设计造景中突出美，就需要安排一些可作为背景的植物，以衬托出主要（主体）的美。秩序分明、紧扣主题，可使园林形成强烈的视觉力量。

第二章　园林植物造景方法

第一节　藤本植物造景方法

一、藤本植物景观功能与特点

藤本植物是指自身不能直立生长，需要依附其他物体或匍匐地面生长的木本或草本植物。藤本植物材料丰富，设计形式多样，可用于篱、垣及棚架绿化，作为园林一景，可构筑或分隔空间，装饰或覆盖墙体。

藤本植物同其他植物一样，具有调节环境温度、湿度，吸附消化有害气体和灰尘，净化空气，减轻噪声污染，平衡空气中氧气和二氧化碳含量等生态功能；同时，藤本植物具有独特的攀缘或匍匐生长习性，可以对立交桥、建筑物墙面等垂直立面进行绿化，从而起到保护桥身、墙面，降低小环境温度的作用；也可以对陡坡、裸露地面进行绿化，既能扩大绿化面积，又具有良好的固土护坡作用。

藤本植物生长迅速，依靠篱、垣、棚架的支持，能最大程度地占据绿化空间，如爬山虎年生长量可达 5～8 m，紫藤年生长量也达 3～6 m。此类植物经 3 年左右就能将支撑体或墙面遮盖起来，获得绿化效果。

二、藤本植物景观形式

(一)棚架式绿化

选择合适的材料和构件建造棚架,栽植藤本植物,以观花、观果为主要目的,兼具遮阴功能,这是园林中最常见、结构造型最丰富的藤本植物景观营造方式。在现代园林绿地中,多用水泥构件建成棚架,可选择生长旺盛、枝叶茂密、观花或观果的植物材料。对于大型木本、藤本植物,建造的棚架要坚固结实;对于草本植物,可选择轻巧的构件建造棚架。可用于棚架的藤本植物有葡萄、三叶木通、紫藤、野蔷薇、木香、炮仗花、丝瓜、观赏南瓜、观赏葫芦等。

绿门、绿亭、小型花架也与棚架式绿化相似,只是体量较小,在植物选择上应偏重于花色鲜艳、姿态优美、枝叶细小的种类,如叶子花、铁线莲类、蔓长春花、探春花等。

棚架式绿化多布置于庭院、公园、机关单位、学校、幼儿园、医院等场所,既可观赏,又可供人们纳凉、休息。

(二)绿廊式绿化

绿廊式绿化是指选用藤本植物种植于走廊的两侧并设置相应的攀附物,使植物攀缘两侧直至覆盖廊顶形成绿廊。也可在廊顶设置种植槽,选植攀缘或匍匐型植物中的一些种类,使枝蔓向下垂挂形成绿帘。

绿廊具有观赏和遮阴两种功能。在植物选择上应选用生长旺盛、分枝力强、枝叶茂密、遮阴效果好而且姿态优美、花色艳丽的种类,如紫藤、金银花、三叶木通、铁线莲类、角花、炮仗花、常春油麻藤、使君子等。绿廊多用于公园、学校、机关单位、庭院、居民区、医院等场所,既可以观赏,廊内又可形成私密空间,供人游赏或休息。在绿廊植物的养护管理过程中,不要急于将藤蔓引至廊顶,注意避免造成侧面空虚,影响景观效果。

(三)墙面绿化

把藤本植物通过诱引和固定使其爬上墙面,从而达到绿化和美化的效果。城市中墙面的面积大,形式又多种多样,如围墙、楼房及立交桥的垂直立面等都需要用藤本植物加以绿化和装饰,来打破呆板的线条,柔化建筑物的外观。

墙面的质地对藤本植物的攀缘有较大影响，墙面越粗糙，对植物的攀缘越有利。较粗糙的建筑物表面可以选择枝叶较粗大的种类，如地锦、薜荔、常春卫矛、凌霄等；而光滑细密的墙面宜选用枝叶细小、吸附能力强的种类，如络石藤、常春藤、蜈蚣藤、绿萝、球兰等。为利于藤本植物的攀缘，也可在墙面安装条状或网状支架，进行人工缚扎和牵引。对无吸附能力或吸附能力弱的藤本植物，更要用钩钉、骑马钉、胶粘等人工辅助方式使植物附壁生长，但这种方式费时、费工，不宜大面积推广，所以一般选择吸附能力强、适应性强的藤本植物进行墙面绿化。

（四）篱垣式绿化

篱垣式绿化主要用于篱笆、栏杆、铁丝网、矮墙等处的绿化，它既具有围墙或屏障的功能，又有观赏和分割的作用。篱垣式绿化结构多种多样，既有用传统的竹篱笆、木栏杆或砖砌成的镂空矮墙，也有用塑性钢筋混凝土制成的水泥栅栏及仿木、仿竹形式的栅栏，还有用现代的钢筋、钢管、铸铁制成的铁栅栏和用铁丝网搭制成的铁篱等。

藤本植物爬满篱垣栅栏形成绿墙、花墙、绿篱、绿栏，不仅具有生态效益，使篱笆或栏杆显得自然和谐，而且生机勃勃，色彩丰富。篱垣的高度一般较矮，对植物材料攀缘能力的要求不高，大多数藤本植物可用于篱垣式绿化，但具体应用时应根据不同的篱垣类型选用更适宜的植物材料。竹篱、铁丝网、小型栏杆等轻巧构件，应以茎柔叶小的草本种类为宜，如香豌豆、牵牛花、月光花、茑萝、打碗花、海金沙等；而普通的矮墙、钢架等可供选择的植物更多，除草本材料外，其他木本类的植物，如野蔷薇、软枝黄蝉、探春花、炮仗藤、云实、藤本月季、使君子、甜果藤、凌霄等均可应用。

（五）立柱式绿化

城市的立柱包括电线杆、灯柱、廊柱、高架公路立柱、立交桥立柱等，对这些立柱进行绿化和装饰是垂直绿化的重要内容之一。园林中的树干也可作为立柱进行绿化，而一些枯树绿化后可给人老树开花、枯木逢春的感觉，景观效果很好。

立柱的绿化可选用缠绕类和吸附类的藤本植物，如五叶地锦、常春藤、常春油麻藤、三叶木通、南蛇藤、络石藤、金银花、软枣猕猴桃、扶芳藤、蝙蝠葛、南五味子等；对古树的绿化应选用观赏价值高的种类，如紫藤、凌霄、美国凌霄、素方花、西番莲等。一般来说，立柱多处于污染严重、土壤条件差的地段，选用藤本植物时应注意其生长习性，选择那些适应性强、抗污染的种类，这样有利于形成良好的景观效果。

阳台、窗台及室内绿化是城市及家庭绿化的重要内容。用藤本植物对阳台、窗台进行绿化时，常用绳索、木条、竹竿或金属线材料构成一定形式的网棚、支架，设置种植槽，选用缠绕类或攀缘类藤本植物，攀附后形成绿屏或绿棚。这种绿化形式多选用枝叶纤细、体量较轻的植物材料，如茑萝、金银花、牵牛花、铁线莲类、丝瓜、苦瓜、葫芦等。也可以不设花架，种植野蔷薇、藤本月季、叶子花、探春、常春藤、蔓长春花等藤本植物，让其悬垂于阳台或窗台之外，起到绿化、美化的效果。

用藤本植物装饰室内也是较常采用的绿化手段，根据室内的环境特点，多选用耐阴性强、体量较小的种类。可将盆栽放置于地面，盆中预先设置立柱使植物攀附向上生长，常用的藤本植物有绿萝、茑萝、黄金葛、球兰等；也可将盆栽悬吊或置于几桌、高台之上，使枝叶自然下垂，此时常采用枝细叶小的匍匐型植物，如常春藤、洋常春藤、吊兰、过路黄、金莲花、垂盆草、天门冬等。

（六）山石、陡坡及裸露地面的绿化

藤本植物攀附假山、石头上，能使山石生辉，更富自然情趣，常用的植物有地锦、五叶地锦、垂盆草、紫藤、凌霄、络石藤、薜荔、常春藤等。陡坡地段难以种植其他植物，会造成水土流失。利用藤本植物的攀缘、匍匐生长习性，可以对陡坡进行绿化，形成绿色坡面，既有观赏价值，又能起到良好的固土护坡作用，防止水土流失。经常使用的藤本植物有络石藤、地锦、五叶地锦、常春藤、虎耳草、山葡萄、薜荔、钻地风等。

藤本植物还是地被绿化的好材料，许多种类都可用作地被植物，覆盖裸露的地面，如常春藤、蔓长春花、地锦、络石藤、垂盆草、铁线莲类、紫藤、悬钩子等。

三、藤本植物的选择

（一）缠绕类

此类藤本植物不具有特殊的攀缘器官，依靠自身的主茎缠绕其他物体向上生长发育，如牵牛花、紫藤、猕猴桃、月光花、金银花、橙黄忍冬、铁线莲类、木通、南蛇藤、红花菜豆、常春油麻藤、黎豆、鸡血藤、西番莲、何首乌、崖藤、吊葫芦、藤萝、金钱吊乌龟、瓜叶乌头、五味子、荷包藤、马兜铃、海金沙、买麻藤、五爪金龙、探春等。

（二）卷须类

此类藤本植物依靠卷须攀缘到其他物体上，如葡萄、扁担藤、炮仗花、蓬莱葛、甜果藤、龙须藤、云南羊蹄甲、珊瑚藤、香豌豆、观赏南瓜、山葡萄、小葫芦、丝瓜、苦瓜、罗汉果、绞股蓝、蛇瓜等。

（三）吸附类

此类藤本植物依靠气生根或吸盘的吸附作用而攀缘的种类，如地锦、五叶地锦、崖豆藤、常春藤、洋常春藤、扶芳藤、钻地风、冠盖藤、常春卫矛、倒地铃、络石藤、球兰、凌霄、花叶地锦、蜈蚣藤、麒麟叶、龟背竹、合果芋、琴叶喜林芋、硬骨凌霄、香果兰、石血、绿萝等。

（四）蔓生类

此类藤本植物没有特殊的攀缘器官，攀缘能力较弱，如野蔷薇、木香、红腺悬钩子、云实、雀梅藤、软枝黄蝉、天门冬、叶子花、藤金合欢、黄藤、地瓜藤、垂盆草以及蛇莓等。

第二节　草坪植物造景方法

草坪是指有一定设计、建造结构和使用目的的人工建植的多年生草本植物形成的坪状草地，是由草的枝条系统、根系和土壤最上层（约 10 cm）构成的整体，有独特的生态价值和审美价值。

一、草坪在园林中的应用特点

（一）用途广，作用大

草坪的园林功能是多方面的，除了保持水土、防止冲刷，覆盖地面、减少飞尘，消毒杀菌、净化空气，降低气温、增加温度，美化环境、有益卫生等功能，还有两项独特的作用：一是绿茵覆盖大地替代了裸露的土地，使整个城市整洁清新、绿意盎然、生机勃勃；二是柔软的禾草铺装成绿色的地毯，为人们提供了一个理想的户外游玩、休息的场地。

（二）覆盖好，见效快

随着工业化的发展，环境污染越来越严重，生态平衡被打破，直接威胁到人们的生命安全，使人类逐渐认识到恢复绿色植被的重要性。"黄土不露天"是园林绿化的一个基本目标，而草坪与地被植物是实现"黄土不露天"的最有效手段和最佳选择。特别是地被植物种类多、适应性强，能够适应不同的环境条件，且造价低廉，管理简便，覆盖效果好，值得大力推广。

（三）观赏价值高

大片的绿色草坪给人以平和、凉爽、亲切，以及视线开阔、心胸舒畅之感。特别是在拥挤嘈杂的都市，如毯的绿色草坪给人以幽静的感觉，陶冶人的情操，净化人的心灵，开阔人的心胸，稳定人的情绪，激发人的想象力和创造力。平坦舒适的绿色草坪，更是人们休闲娱乐的理想场所，激发孩子们的游戏兴趣，给家庭生活带来欢乐。

（四）配置方式多样

1.草坪作主景

草坪因其平坦、致密的绿色平面，能够创造开朗柔和的视觉空间而具有较高的景观作用，可以作为园林的主景进行造景。例如，在大型的广场、街心绿地和街道两旁，四周是灰色硬质的建筑和铺装路面，缺乏生机和活力，若铺植优质草坪，形成平坦的绿色景观，则对广场、街道的美化装饰产生极大的作用。公园中大面积的草坪能够形成开阔的局部空间，丰富景点内容，并为游人提供安静的休息场所。机关单位、医院、学校及工矿企业也常在开阔的空间建植草坪，形成一道亮丽的风景。草坪也可以控制色差变化，形成观赏图案，或抽象、或现代、或写实，更具艺术魅力。

2.草坪作基调

绿色的草坪是城市景观最理想的基调，是园林绿地的重要组成部分。可以在草坪中设置雕塑、喷泉、纪念碑等建筑小品，以草坪衬托出主景物的雄伟。草坪与其他植物材料、山石、水体、道路配合造景，可形成独特的园林小景。目前，许多大中城市都开辟了建设面积较大的公园休息绿地、中心广场绿地，借助草坪的宽广，衬托出草坪中心主要景物的雄伟。

但注意不要过分应用草坪，缺水城市更应如此。因为草坪更新快，绿化量值低，生态效益不如乔木、灌木高，另外，草坪还存在容纳量小、实用性不强、维护成本高等缺点，这些均是设计时应慎重考虑的。

二、草坪造景设计

（一）草坪造景原则

1.要体现多功能性

在造景时应首先考虑其环境保护作用，同时适当注意草坪的其他综合性功能，如欣赏性、固土护坡和水土保持的作用等。只有充分发挥草坪在绿地中的各种不同功能，才能提高它在绿地中所起的作用。

2.要适地适草，合理造景

各种草坪植物均具有不同的生态习性，在选择草种时，必须根据不同的立地条件，选择生态习性适合的草种，必要时还需合理搭配草种。

3.充分发挥草坪植物本身的艺术效果

草坪是园林造景的主要题材之一，它不仅具有独特的色彩表现，还具有极丰富的地形起伏、空间划分等作用。这些变化都会给人以不同的艺术感受。

4.要注重与其他材料的协调关系

若在草坪上造景，建筑物、山、石、地被植物、树木等材料不仅能够影响整个草坪的空间变化，而且能给草坪增加景色内容，形成不同的景观。

（二）草坪景观形式

根据草坪的用途，可以做出以下形式的设计：

1.游憩性草坪

游憩性草坪一般建植于医院、疗养院、机关单位、学校、住宅区、庭院、公园及其他大型绿地之中，供人们工作、学习之余休息、疗养和开展娱乐活动。这类草坪一般采取自然式建植，没有固定的形状，允许人们入内活动，管理较宽松。选用的草种适应性要强，耐践踏，质地柔软，叶汁不易流出以免污染衣服。对于面积较大的游憩性草坪，要考虑配置一些乔木以供遮阴，也可点缀石景、园林小品及花丛、花带。

2.观赏性草坪

观赏性草坪指园林绿地中专供观赏用的草坪，也被称为装饰性草坪，如铺设在广场、道路两边或分车带、雕像、喷泉或建筑物前，以及花坛周围，独立构成景观或对其他景物起装饰陪衬作用的草坪。这类草坪栽培管理要求精细，应严格管理，以免杂草丛生，应修剪出整齐美观的边缘并多采用精美的栏杆加以保护，仅供观赏，不能入内游乐。草种要求平整、低矮，绿色期长，质地优良，观赏效果显著。为提高草坪的观赏性，有的观赏性草坪还造景一些草本花卉，形成缀花草坪。

3.运动场草坪

运动场草坪指专供开展体育运动的草坪，如高尔夫球场草坪、足球场草坪、网球场草坪、赛马场草坪、垒球场草坪、滚木球场草坪、橄榄球场草坪、射击场草坪等。此类草坪管理精细，要求草种韧性强、耐践踏，耐频繁修剪，形成均匀整齐的平面。

4.环境保护草坪

这类草坪主要是为了固土护坡、覆盖地面，不让黄土裸露，从而达到保护生态环境的作用。例如，在铁路、公路、水库、堤岸、陡坡处铺植草坪，可以防止水土流失，对路基、护岸和坡体起到良好的防护作用；在城市角隅空地、林地、道路旁边等土地裸露的地段用草坪覆盖地面，能够固定土壤、防止风沙、减少扬尘、改善城市生态环境；在飞机场、精密仪器厂建植草坪，能够保持良好的环境，降低噪声，减少灰尘，保护飞机和机器的零部件，延长其使用年限，保证运行安全。这类草坪的主要目的是发挥其防护和改善生态环境的功能，要求选择的草种适应性强，根系发达，草层紧密，抗旱、抗寒、抗病虫害能力强。这类草坪一般面积较大，管理粗放。

5.其他草坪

生活中还有一些特殊场所应用的草坪，如停车场草坪、人行道草坪。在建植时，多用空心砖铺设停车场或路面，在空心砖内填土建植草坪，这类草坪要求草种适应能力强、耐高度践踏和耐干旱。

以上的设计形式不是绝对的，仅是按照某一方面的功能来界定的。每种草坪往往具有双重或多重功能，如观赏性草坪同样具有改善环境的生态作用，而环境保护草坪本身就有美化环境的观赏功能。如果设计时能实现多种功能结合，将是更理想的。

（三）草坪植物的选择与应用

根据草坪功能和作用选择草坪植物，要求选择的草种生长旺盛，繁殖容易，繁殖系数大（繁殖快），有发达的根系，分蘖力强，枝叶茂密，覆盖面大，地上部分生长点低，耐修剪，叶色美观，绿色期长，抗性强，茎叶尽可能无浆、无刺。因此，草坪植物多为一些适应性较强的矮性禾草，主要有禾本科的多年生草本植物和少数一、二年生的草本植物。另外，还有一些其他科属的矮生草坪植物，如豆科的白三叶、红三叶等。

1.草坪草的选择

结合草坪植物对生长适宜温度的不同要求和分布地域，草坪草可分为暖季型草坪草和冷季型草坪草。

暖季型草坪草，又被称为夏绿型草，其主要特点是早春返青复苏后生长旺盛，晚秋遇霜茎叶枯萎，冬季呈休眠状态，最适宜的生长温度为26～32℃。这类草适宜在我国黄河流域以南的华中、华南、华东、西南广大地区生长，而有的种类适应性较强，如结缕草、野牛草、中华结缕草等，由于耐寒性较强，在华北地区也能良好生长。

园林中常用的暖季型草坪草主要有狗牙根、地毯草、野牛草、结缕草、中华结缕草、细叶结缕草、大穗结缕草、天堂草、假俭草、巴哈雀稗、两耳草、双穗雀稗、竹节草、铺地狼尾草、格兰马草、丝带草、画眉草等。

冷季型草坪草，又被称为寒地型草，其主要特征是耐寒性较强，在部分地区冬季是常绿状态或短期休眠，不耐夏季炎热高湿，春、秋两季最适宜生长，适合在我国北方地区栽培。部分种类在我国南方也能栽培，尤其适应夏季冷凉的地区。

园林中常用的冷季型草坪草有草地早熟禾、加拿大早熟禾、高羊茅、草地羊茅、细羊茅、匍匐剪股颖、细弱剪股颖、绒毛剪股颖、小糠草、美国海滨草、猫尾草、蓝茎冰草、扁穗冰草、卵穗苔草、异穗苔草、无芒雀麦、匍匐紫羊茅、多年生黑麦草等。

2.草坪植物的应用

在设计时，可以将草种组合应用，构成单纯草坪、混合草坪、缀花草坪等，增强观赏效果。

第三节　专类园植物造景方法

"植物专类园"是园林发展到现代社会产生的新名词，但突出某一植物为主题的园林或景观已有悠久的历史。《诗经》中"桃之夭夭，灼灼其华"展现了桃园胜景，是有关专类园最早的汉字记载；至北宋，洛阳的专类园已闻名于世。古埃及有葡萄、海枣等专类园圃，中世纪欧洲较大的寺院多有草药园。

一、专类园植物景观设计主题

（一）体现亲缘关系的植物专类园

将具有亲缘关系（如同种、同属、同科或亚科等）的植物作为专类园主题，配置丰富的其他植物，可营造出自然美的园林景观。

中国古典园林中的植物专类园以这一类型居多，园主根据自己对植物的喜好或当时流行的园林植物来确定园内主要的观赏植物，如牡丹园、梅园、兰圃、菊圃、竹园等；国外也有因个人爱好而专门收集某类植物的专类园。

1.同种植物的专类园

同种植物的专类园内，主题植物明确而单一，景观变化由该种植物的不同品种及变种来表现，从而达到形态、色彩上的丰富性，其他的植物、建筑、小品等都是为了突出主题植物而配置的。

中国古典园林中，同种植物的专类园一般面积较小，主题植物在花期内往往有较高的观赏价值，多为开花艳丽的传统名花，如梅园、菊圃、牡丹园、芍药园、荷园等。现在建设植物专类园时，虽然仍会选用传统花卉，但在更多情况下会选择其他植物，向游人展示不同于古典园林的植物景观，如描绘早春景色的樱花园，供人欣赏柳枝优美线条的柳园，供人品味秋季馨香的桂花园等。

2.同属植物的专类园

同属植物的专类园内，植物选择仍控制在亲缘关系比较近的范围内。适合这一类型植物专类园的植物大多有很发达的种属系统。一个属的多种植物都有较高的观赏性，并有相类似的外表性状、观赏特性等，在花期、果期上也相对统一。

我国在建设这类专类园时，更多地利用乡土观花树种，比较常见的有丁香园、蔷薇（属）园、绣线菊园、山茶（属）园、小檗园、鸢尾园等。国外在利用本土植物造园的同时，还大量引种栽培外来树种，特别是从中国引进植物资源，创造优美的园林景观。

3.同科（亚科）植物的专类园

同科（亚科）植物在亲缘关系上比上述两种要远，选用植物范围更大，有时，同科植物除具有一些共同的科属特征外，在形态上常会存在比较大的差异，这能很好地丰富园林景观。种植同科植物的专类园往往是科普教育的良好场所，它所收集的同科植物不但种类多，而且在类型、品种上占有优势，有许多还是人们在日常生活中无法见到的稀有种类，在满足人们观赏要求的同时，也为植物资源保护研究、引种驯化提供了材料和场地，如苏铁园、蔷薇园、木兰园、竹类园等。

更大的类别，也就是不同科的植物也可以形成专类园，如松柏园、松杉园、蕨类园等。举个例子，杭州植物园观赏植物区是以互相补充的两类植物形成专类园，如木兰山茶园、槭树杜鹃园、桂花紫薇园等。

总体来说，种植具有亲缘关系植物的植物专类园在展现植物观赏性的同时，还能进行种质资源保护、新品种开发、植物亲缘关系研究。这种专类园与植物园的功能比较接近，对生物多样性保护与植物科学发展具有突出的价值。

（二）展示生境为主的植物专类园

展示生境为主的植物专类园主题不是某种植物，而是某一生境类型。用适合在同一生境下生长的植物造景，可表现此生境的特有景观。

这一类型的植物专类园表现主体是植物，表现主题则是不同类型的生境，如盐生植物园、湿生植物园、岩石园等。该类植物专类园除了能让人们观赏、了解到各种生境景观，还能通过对一些特殊生境进行改造、美化，使其既能保持原有特色，又能满足人们欣赏的要求，对环境保护也能起到积极作用。

例如，湿生植物园就是创造一个局部高湿度的小环境，以改善周围水循环系统。又如，盐生植物园则是利用盐生植物造景，这不但创造了滨海盐碱地区的特殊景观，同时也减弱了海潮风对城市的侵袭。

各地植物园都不同程度地建有此类植物专类园，但从生境类型上说，远不及自然界表现得丰富。再者，此类植物专类园主题均衡性不够，如水生植物区出现频率高，而旱生、盐碱植物专类园则十分罕见。

目前，城乡环境都遭受着不同程度的污染，针对这一问题，出现了以环保植物为主题的植物专类园，作为保护生境的方法之一，如国家植物园、上海植物园、山东林校树木园、华南植物园、南宁树木园等都辟有环保植物园区。

（三）突出观赏特点的植物专类园

有相同观赏特点的植物并不一定具有亲缘关系，只要是符合植物专类园所确定的观赏主题的，均可以配置在一起。这一专类园的观赏内容可以是树皮颜色，树叶颜色，树叶的形状、气味、声音等。专类园的主题植物没有主次之分，种类数量基本相等。其中，不表现出特定观赏特点的植物作为该园的补充，数量只占少数，这是因为该类型植物专类园的主题植物种类已比较多，足能表现景观的丰富性。

这一类型植物专类园把植物的特殊观赏性集中展现在人们面前，以明确、生动的观赏内容吸引游人，如芳香植物专类园，收集具有芳香气味的植物，配植其他植物，形成一个以嗅觉欣赏为主要特色的植物专类园。芳香植物专类园与展示叶形、树叶质感的专类园结合在一起，可以成为特殊的"盲人感官园"。色叶植物专类园能够展现植物丰富的色彩；盆景园则是用人工方法创造奇特优美的植物姿态，展现人工艺术和植物形态的植物专类园。此外，还有观果、藤本、地被植物等专类园。

从已建成的该类型的植物专类园来看，盆景园应用最多，色叶园、芳香园和草花园应用也比较广，这使得各地突出观赏特点的植物专类园的主题相对比较单调。所以，在进行规划设计时，应尽量创新，利用植物的各种观赏特性，营造富有特色的园林植物景观。

人类与植物的关系十分密切，衣、食、住、行都离不开植物。植物作为原材料来源，直接影响人类社会的发展。17 世纪以前，植物园主要栽培药用植物，其目的不是观赏，而是进行医药教学和研究，发展成药用植物专类园后，其观赏功能逐渐得到发挥。可见，经济植物首先是满足人们的生存需求，其次才是满足人们的观赏需求。

经济植物除药用植物外，还有纤维植物、鞣料植物、油脂植物、蜜源植物、香料植物、栲胶植物等，这些植物对人类文明的进步起着不可磨灭的作用。经济植物专类园与其他类型专类园一样，也应注重植物景观营造，并对外开放，供人游览。

二、专类园植物景观类型与设计

（一）蔓藤植物园

蔓藤植物园主要有科研和蔓藤植物展示的双重作用，常选用爬山虎、薜荔、扶芳藤、凌霄、络石藤、炮仗花、常春藤、紫藤等园林景观类蔓藤植物和其他野生蔓藤植物等。园中设有不同形状和长度、高矮各异的藤蔓架，小广场，水池，以及可供游客休憩的藤下休息椅、藤蔓亭等。

（二）城市植物景观园

城市植物景观园的园区由亲水广场引导，主要景观有流水喷泉、落水雕塑、植物造型体、标本展示廊、落水沙滩、儿童戏水空间等；主要植物有观花类植物、观叶类植物、香花类植物、抗污染类植物、野生观赏植物等；主要园林艺术区有南亚风情园、欧洲风情园等；城市绿化示范区有家庭花园示范区、花坛花境示范区、小品示范区等。

（三）转基因品种园

转基因品种园的园区分为转基因品种研究区和转基因品种展示区两个部分，主要用于开展城市园林绿化植物、林业优良造林树种的转基因研究，转基因奇异花卉品种的研究及新品种的展示等。游客也可在此观赏植物界高新技术所带来的奇异色彩。

（四）迁地保护园

迁地保护园是科学研究及成果展示基地。迁地保护植物主要针对热带、亚热带濒危、珍稀草本植物、花卉植物、灌木。该类园从不同角度对濒危、珍稀植物进行观察和研究，探索解濒措施和恢复野生种群的可能性。园区设置花坛、跌水台、休息椅及观察廊等。

（五）岩生植物园

岩生植物园由小亭、溪流、石道和岩生植物组成。该园主要以景观展示为主，兼有旱生、岩生植物的研究。植物主要选择喜旱或耐旱、耐瘠薄，适宜在岩石缝隙中生长的植物；植株低矮，生长缓慢、生长期长，抗性强的多年生植物；在生长期中能保持低矮优美姿态的植物。

（六）植物进化园

植物进化园是集植物分类、公众科普教育、青少年素质教育、园林景观为一体的综合性园区。通常这类园区以植物广场为起点，以植物进化碑为终点，在长 330 m、宽 240 m 的空间中构筑植物演绎体系和植物分类进化体系，向公众展示植物界的进化过程、相关知识，以及为整个植物演化研究奋斗的中外科学家事迹。园区可分为植物广场、蕨类植物区、苔藓地衣植物区、裸子植物区、被子植物区、进化大道六个部分。

（七）跌水园

跌水园是由热带棕榈科植物和林下落水、跌水、小泉、流溪、咖啡屋等构成的热带植物风情园。园区主要营造一种闲逸的情调，是游客休闲聚集地，也是其他景观区的过渡场所。

（八）水生植物园

水生植物园侧重于对热带、亚热带水生植物的研究和展示。园区分为沉水植物区、浮水植物区、漂浮植物区、沼生植物区，各区根据其特点，开展各具特色的水生植物研究、引种及驯化工作，培育适宜热带、亚热带地区的水生植物品种和园林水景植物。

（九）姜园

相关人员可在现有姜园基础上，建立以科学研究为主的植物专类园。园区分为种质保存区和科普展示区，种质保存区根据姜目植物的生境，设阳生、阴生、半阴生、湿生等区域；科普展示区主要介绍具有观赏、食用等价值的姜目植物和可作为香料、染料的姜目植物。

（十）竹园

竹园是以科学研究为主的植物专类园，分为展示区、保育区、繁殖区三个区域。

（十一）木兰园

相关人员可以现有木兰园为基础，建设一个世界级木兰科植物的保育中心和研究中心，展示木兰科植物的花果形态及色、香、味、形俱全的高观赏性植物景观，使其成为世界上木兰科植物种类收集最为完整的木兰园。

（十二）华南珍稀濒危植物迁地保护区

相关人员可在现有园区的基础上，设置保育区和观赏展示区，使之保存华南特有珍稀濒危植物90%以上的种类（每种保存不少于10株），使该园成为保存珍稀濒危植物种类最多（约400种）的华南珍稀濒危植物活体保存中心。

（十三）地带性植被园

地带性植被园是以科学研究、观光游览为主的植物专类园。地带性植被环境展示区模拟植物自然演化规律的生态环境，营造热带、亚热带常绿阔叶林天然原始植被群落，再现热带雨林特征。该园景观主体为热带雨林，主体森林分子由桃金娘科、番荔枝科、樟科、大戟科、无患子科、桑科、茜草科、豆科、山毛榉科等热带、亚热带科属植物组成。林木要求种类繁多，林分结构复杂，尽量少用外来景观树种。森林植被层设计为5～7层，板根、茎花现象普遍。

林内上层乔木主要设计为刺栲（具板状根）、厚壳桂、木荷、栲槠类、阿丁枫；中下层为木姜子、阴香、蒲桃、山龙眼、山竹子、水榕、假苹婆、柏拉木、罗伞树、大叶紫金牛、九节木等；林下散植巨型草本植物海芋、芭蕉和树蕨；林内种植藤本植物密花豆藤；附生植物为兰科、天南星科和蕨类；半附生植物与绞杀植物为榕属类。

园内通道主要以木桥、栈道、吊桥为主，设高阁木质休息亭，游人不踩踏林地。

（十四）季风常绿阔叶林区

季风常绿阔叶林区以科学研究为主，规划建造四个反映季风常绿阔叶林演化系列的植物群落类型，即针叶林群落、针阔叶混交林群落、人工阔叶林群落和常绿阔叶林群落，利用这些群落富集各物种。建园突出自然、生态和野趣。物种配置以模拟自然森林群落为原则，使其具有季风常绿阔叶林和热带、亚热带雨林景观。

（十五）自然风情园

该园地形为沟谷型缓坡，背景为季风常绿阔叶林区。地势平缓，沟谷流畅开阔，适宜营造以疏林草地为主的自然休闲风情园，为游客在欣赏植物景观的同时提供一个放松、闲逸的自然空间。

（十六）高架植物亲和走廊

以华南植物园为例，园内植物丰富，但许多植物为高大乔木，游客很难观赏到这类植物的花、叶、果，人与植物的亲和力不强，不能引起游客的共鸣，起不到科普教育的作用。因此，可以在植物园主要景观区建高架植物亲和走廊，为游客提供近距离观察高大植物的平台。

第三章　园林植物苗木培育管理技术

第一节　园林植物的种子管理

园林植物的种子是园林苗木培育的基础，种子的品质会直接影响苗木的质量。为了获得优质充足的种子，我们必须掌握园林植物的结实规律，科学管理、合理采集和调制种子，掌握种子的品质检验方法。

一、园林植物种子的采集与调制

植物学中将种子定义为"经过受精而发育成熟的胚珠"，或者是"由胚珠发育而成的繁殖器官"。种子由外种皮、内种皮、胚乳及胚构成。在被子植物中，果实由外果皮、中果皮、内果皮和种子构成；在裸子植物中，种子没有果皮包被，而是裸露在外，与中轴上的种鳞一起形成球果。

（一）母本树的选择

母本树应为成年树，品种、类型纯正，能适应当地条件，生长健壮，性状优良，无病虫害，种子饱满。

（二）采种的方法与时间

绝大部分树种的种子在充分成熟时（即果实已开裂或自落时）采收最佳。若采收过早，种子的贮藏物质尚未充分积累，生理上也未成熟，干燥后会皱缩成瘦小、空瘪、干粒重低、发芽能力差、活力弱且不耐贮藏的低品质种子；若采收过迟，种子则容易散失。

对于大粒种子，可在果实开裂时立即从植株上收集，或在种子脱落到地面上后立即收集。小粒且易于开裂的翅果、蒴果、蓇葖果、荚果、角果、瘦果、坚果、分果等干果类种子，一经脱落则不易收集，且易遭鸟虫啄食。此外，这类种子还因不能及时干燥而易在植株上萌发，从而导致种子的品质下降。对此，可以提前在果实口套上袋子，使种子成熟后落入袋内。对于肉质果，如君子兰、石榴、忍冬属植物、女贞属植物、冬青属植物、李属植物等，果实成熟后要及时采收，因为果实过熟会自落或遭鸟虫啄食。半枝莲、凤仙花、三色堇等植物的开花结实期很长，果实会随开花早晚而陆续成熟散落，对于这类植物，必须从尚在开花的植株上分批采收种子。对于种子成熟后挂在植株上长期不开裂也不散落的植物，可在果实整株全部成熟后，一次性采收，如果是草本植物则可全株拔起。总之，采收种子的方法需要根据种子成熟及脱落的特点来确定。

采收种子应在晴天的早晨进行，因为此时空气湿度较大，果实不易开裂。采种后，工作人员要记下相关信息，如编号、名称（中文名、拉丁文名）、采集日期、产地、环境条件、采集人等。

（三）种子的清理与干燥

种子采收后，要对种子进行清理和干燥：带株采收的，整株拔回后要晾干再脱粒；连果实一起采收的，要去除果皮、果肉及各种附属物；草本花卉种子采收后需晾晒的，一定要连果壳一起晾晒。需要注意的是，在晾晒种子时，不能将种子置于水泥晒场上或金属容器中暴晒，因为强烈的阳光极易烫伤种胚，影响种子的生命力。

人们通常将种子放在帆布、苇席、竹垫上晾晒。有的种子怕晒，可采用自然风干法干燥，即将种子薄摊于阴凉、通风、避雨处，使其自然干燥。在受限于场所或阴天时，还可对种子进行人工干燥。

干果类种子采收后，应尽快干燥。可先连株或连壳晾晒种子，但切忌直接暴晒。晾晒时可在种子上覆盖一层东西，或使种子在通风处阴干。一般情况下，含水量低的种子用"阳干法"，含水量高的种子用"阴干法"。将种子初步干燥后，可对其进行脱粒，然后采用风选方法或筛选方法去壳、去杂；之后，将种子进一步干燥至含水量为8%~15%的安全标准。肉质果类种子因果肉中含有较多的果胶及糖类，容易腐烂，滋生霉菌，故果实采收后必须及时处理，可先用清水浸泡数日，或经短期发酵（21℃，4 d），或直接揉搓，再脱粒、去杂、阴干。球果类种子的球果在采收后一般只需暴晒3~10 d，脱粒后再风选或筛选去杂即可。

净种后或净种的同时，一般还要采用风选、筛选或粒选等方法除去杂物、病虫粒、畸形粒、破粒、烂粒，使种子纯度达 95%以上，然后按种子的大小、饱满程度或质量对种子进行分级，以保证生产中出苗和成株整齐，便于统一管理。

二、园林植物种子的寿命与贮藏

（一）园林植物种子的寿命

种子和一切生命现象一样，有一个有限的生活期，即有一定的寿命。种子成熟后，随着时间的推移，其生活力会逐渐下降，发芽速度与发芽率也会逐渐降低。种子寿命用其群体的发芽百分率表示，而不用单粒种子的寿命表示，因为不同植株、不同地区、不同环境、不同年份的种子差异会很大。在生产上，种子寿命是指种子从采收到失去发芽能力的这段时间。

1.种子寿命的类型

在自然条件下，种子寿命的长短因植物而异，短的只有几天，长的在百年以上。种子根据寿命可分为短寿种子、中寿种子和长寿种子三种类型。

（1）短寿种子

短寿种子的寿命在 3 年以下，常见于以下几类植物：

第一，种子在早春成熟的植物。

第二，原产于高温地区无休眠期的植物。

第三，子叶肥大的植物。

第四，水生植物。

（2）中寿种子

中寿种子的寿命为 3～15 年，大多数花卉的种子属于此类。

（3）长寿种子

长寿种子的寿命在 15 年以上，这类种子以豆科植物最多，莲、美人蕉属及锦葵科植物的种子寿命也很长，属于长寿种子。

2.影响种子寿命的因素

种子寿命的缩短有时是由种子自身的衰败引起的。衰败，又被称为老化，是生物存在的规律，不可逆转。

种子寿命的长短除了受遗传因素影响，也受种子的成熟度、成熟期的矿质营养、机械损伤、冻害、贮存期种子的含水量、外界的温度及霉菌等的影响，其中，贮存期种子的含水量及外界的温度是主要因素。

种子具有吸湿性，种子的水分平衡首先取决于种子的含水量与空气相对湿度间的差异。当空气相对湿度为70%时，种子的含水量宜在14%以下；当空气相对湿度为20%～25%时，种子的贮藏寿命最长。空气相对湿度与温度紧密相关，会随着温度的上升而加大，多数种子在空气相对湿度为80%、温度为25～30℃的条件下，会很快丧失发芽力。一般情况下，种子在含水量为12%、温度为2～5℃、空气相对湿度为35%的条件下，密封贮藏最佳。

（二）园林植物种子的贮藏

贮藏种子的目的是保持种子的生活力，延长种子的寿命，以满足生产、销售和交换等需要。贮藏种子的基本原理是在低温、干燥的条件下，尽量降低种子的呼吸强度，减少种子的营养消耗，从而保持种子的生活力。

1.贮藏方法

贮藏种子的方法主要有以下几类：

（1）干燥贮藏

干燥贮藏是指将自然风干的种子装入纸袋、布袋或纸箱中，置于干燥、密封、低温的环境中。干燥贮藏能大大延长种子的寿命，如飞燕草的种子，一般情况下其寿命为2年，若充分干燥后，将其贮藏于-15℃的环境下，18年后仍可保持54%的发芽率。种子适宜干燥贮藏的木本植物有木槿、侧柏、落羽松、雪松、山梅花、法桐、槐、蜡梅、紫藤、柳杉、柏木、花柏、桑、紫荆、云实、金松、紫薇等；种子适宜干燥贮藏的草本植物有福禄考、地肤、报春花、醉蝶花、花菱草、三色堇、万寿菊、美女樱、翠菊、旱金莲、香豌豆、虞美人、一串红、麦秆菊、金鱼草、矢车菊、半枝莲、百日菊、桂竹香、蛇目菊、紫罗兰、矮牵牛、三色苋、鸡冠花、金盏菊等。

（2）层积沙藏

层积沙藏是指将种子与湿沙（含水 15%）按 1：3 的质量比混合后，在 0～10℃的条件下湿藏。这种方法适用于生理后熟种子的休眠，也适用于贮藏一些干藏效果不佳的种子，如牡丹、芍药、龙胆、铃兰、白兰、鸢尾、报春、飞燕草、李、苹果、白蜡树、小叶黄杨、栗、山茱萸、忍冬、七叶树、圆柏、洋槐、木兰、银杏、锦鸡儿、枫香、女贞、胡颓子、朴树、山楂、冬青、槭树、鹅掌楸等植物的种子。常见种子所需层积的天数如下：湖北海棠 30～35 d、西府海棠 40～60 d、棠梨 150 d、毛桃 70～90 d、君迁子80～90 d、银杏 150 d、山楂 200～300 d。

（3）低温贮藏

低温贮藏即将种子贮藏在 1～5℃低温条件下，桦树、榆树、槭树、白蜡树、枇杷、栎树、栗等植物的种子均可以用低温贮藏的方式进行贮藏。

（4）水藏

睡莲、玉莲等水生花卉的种子可直接贮藏于水中，且唯有此方法能保持其发芽力。

2.种子贮藏管理措施

在贮藏种子时，要注意以下几点：

（1）清仓消毒

将仓库内的垃圾、化肥、农药等清除，在仓库内铺设油毡纸等作为防潮层，以使种子尽可能少地吸收地面潮气。在给仓库消毒时，可将 80%拟除虫菊酯溶液稀释后在仓库内喷洒，然后将仓库的门窗紧闭 48～72 h，再通风 24 h。

（2）合理堆放

花卉种子品种繁多，等级不一，但一般情况下种子的数量并不多。在贮藏这些种子时，需要将其放置在距离墙壁约 50 cm、地面 50 cm 的架台上，并做好标牌，标明其位置、数量、包装等，以防混杂。

（3）适时通风

种子呼吸会产生热量，适时通风可降温散湿。要以"晴通、雨闭、雪不通，滴水成冰可以通，早开、晚开、午少开，夜有雾气不能开"为原则对贮藏种子的仓库进行通风。一般采用自然通风的方式，有条件的也可采用机械通风的方式。

（4）勤于检查

在种子越夏或越冬后，要对种子的含水量和发芽率进行检验。在仓库不同位置多点设置温、湿度测量计，定人定时测量，做好记录；要保持花卉种子贮藏在低温低湿环境下，以防种子霉变或发芽率降低。

三、园林植物种子的品质检验

为了掌握种子发芽力，确定播种量和播种密度，一般在播种前要对种子进行质量检查，即种子检验。种子质量的检验一般包括种子的品种品质检验和播种品质检验两方面。园林植物种子的品质检验是指应用科学、先进和标准的方法对种子样品的质量（品质）进行分析测定，判断其质量的优劣，评定其种用价值。主要检验项目有种子净度、质量（千粒重）、含水量、发芽力、生活力、优良度、种子健康状况等。

（一）种子净度测定

种子净度是指纯净种子的重量占测定样品总重量的百分数。净度分析是测定供检验样品中纯净种子、其他植物种子和夹杂物的质量百分率。测定方法和步骤为：

第一，试样分取。用分样板、分样器或四分法分取试样。

第二，称量测定样品。

第三，分析测定样品。将测定样品摊在玻璃板上，将纯净种子、废种子和夹杂物分开。

第四，分别对组成测定样品的各个部分进行称重。

第五，计算净度。

（二）种子质量测定

种子质量主要指千粒重，通常指自然干燥状态下 1 000 粒种子的质量，以克（g）为单位。千粒重能够反映种粒的大小和饱满程度，质量越大，说明种粒越大越饱满，内部含有的营养物质越多。种子千粒重测定有百粒法、千粒法和全量法。

1.百粒法

通过手工或用数种器从待测样品中随机数取 8 个重复，每个重复 100 粒，分别称重；根据 8 个重复的称重读数，算出 100 粒种子的平均质量，再换算成 1 000 粒种子的质量。这种操作方法被称为百粒法。

2.千粒法

千粒法适用于种粒大小、轻重极不均匀的种子。通过手工或用数种器从待测样品中随机数取 2 个重复，分别称重，计算平均值，换算千粒重。大粒种子每个重复数 500 粒，小粒种子每个重复数 1 000 粒。

3.全量法

一些珍贵树种的种子数量少，可将全部种子称重，换算千粒重，这种种子质量测定方法被称为全量法。

目前，电子自动种子数粒仪是种子数粒的有效工具，可用于千粒重测定。

（三）种子含水量测定

种子含水量是种子中所含水分的质量与种子质量的百分比。测定时通常将种子置入烘箱，用 105℃温度烘烤 8 h，测定种子前后质量之差来计算含水量。测定种子含水量时，桦树、桉树、侧柏、马尾松、杉木等细小粒种子，以及榆树等薄皮种子可以原样干燥。红松、华山松、槭树和白蜡树等厚皮种子，以及核桃、板栗等大粒种子，应切开或弄碎后再进行烘干。

（四）种子发芽力测定

种子发芽力是指种子在适宜条件下发芽并长成植株的能力，用发芽势、发芽率表示。发芽势是种子发芽初期（规定日期内）正常发芽种子数占供试种子数的百分率。发芽势高表示种子生活力强，发芽整齐，生产潜力大。发芽率是指在发芽试验终期（规定日期内）正常发芽种子数占供试种子数的百分率。种子发芽率高表示有生活力的种子多，播种后出苗多。

1.实验设备和用品

种子发芽实验中常用的设备有电热恒温发芽箱、变温发芽箱、光照发芽箱、人工气候箱、发芽室，以及活动数种板和真空数种器等设备。发芽床应具备保水性好、通气性好、无毒、无病菌等特性，且有一定强度。常用的发芽床材料有纱布、滤纸、脱脂棉、细沙和蛭石等。

2.实验方法步骤

操作步骤如下：

（1）器具和种子灭菌

为了预防霉菌感染，须在发芽试验前对准备使用的器具灭菌，发芽箱可在实验前用福尔马林喷射后，密封 2～3 d 再使用。种子可用过氧化氢（35%，1 h）、福尔马林（0.15%，20 min）等进行灭菌。

（2）发芽促进处理

种子置床前可通过低温预处理或用过氧化氢等方法处理，破除休眠期。对种皮致密性、透水性差的树种，如皂荚、相思树、刺槐等，可用 45℃的温水浸种 24 h，或用开水烫种 2 min，促进发芽。

（3）种子置床

种子要均匀放置在发芽床上，这样可使种子与水分接触良好，每粒之间要留有足够的间距，防止种子受霉菌感染，同时也为发芽苗提供足够的生长空间。

（4）贴标签

种子置床之后，必须在发芽皿或其他发芽容器上贴上标签，注明树种名称、测定样品号、置床日期、重复次数等，并将有关项目登记在种子发芽试验记录表上。

（5）发芽实验管理

第一，水分。

发芽床要始终保持湿润，切忌断水，但不能使种子四周出现水膜。

第二，温度。

调节好适宜的种子发芽温度，一般以 25℃为宜。榆和栎类为 20℃，白皮松、落叶松和华山松为 20～25℃，火炬松、银杏、乌桕、核桃、刺槐、杨和泡桐为 20～30℃，桑、喜树和臭椿为 30℃。变温有利于种子发芽。

第三，光照。

多数种子可在光照或黑暗条件下发芽。但相关种子检验规程规定，对大多数种子，最好加光培养，原因是光照可抑制霉菌繁殖，同时有利于鉴定正常幼苗，区分黄化和白化等不正常苗。

第四，通气。

用发芽皿发芽时，要常开盖，以利于通气，保证种子发芽所需的氧气。

第五，处理发霉现象。

发现轻微发霉的种子，应及时取出洗涤去霉。当发霉种子超过 5%的时候，应调换发芽床。

（6）观察记录

定期观察正常发芽粒、异状发芽粒和腐坏粒并计数，记录观察结果。

（7）计算发芽实验结果

发芽实验到规定结束的日期时，记录未发芽粒数，统计正常发芽粒数，计算发芽势和发芽率。实验结果以粒数的百分数表示。

（五）种子生活力测定

种子生活力常用具有生命力的种子数占实验样品种子总数的百分率表示。种子生活力的测定常用以下几种方法：

1.四氮唑染色法

该方法在近年来应用较多、较广。

染色原理：有生活力的种胚中含有脱氢酶，种胚吸收无色的四氮唑盐类后，在脱氢酶的作用下被还原为具有不溶性的红色化合物而沉淀；无生活力的种胚则无此反应，即没有沉淀发生。

四氮唑染色法的操作步骤如下：

第一，配制药液。

称量 0.5 g 的四氮唑药粉溶于 100 mL 蒸馏水中，药液浓度为 0.5%，调整溶液 pH 至 6.5～7.0（此范围内可获得较好的染色效果），配好药液备用。

第二，取胚。

从测过净度的种子中，随机取出 400～500 粒（以 100 粒为一组），浸渍在温水中 1～3 d，使种子吸水膨胀；然后用解剖刀或镊子细心地剥去种壳，注意不要损伤种胚；将种胚取出后，立即投入清水中，以免种胚因干燥失水而死亡。在取种胚时，若发现有空粒种子，应计算在 100 粒中，但要分别记录。

第三，染色。

将 4～5 组剥好的种胚从清水中取出，分别浸入四氮唑药液中，然后置于 25～30℃、黑暗（或弱光）的条件下，经过 2～3 h 即可完成染色。通常，温度高、浸渍时间长、药液浓度大时，染色快。

第四，观察染色情况。

染色结束后，细心地用水冲洗种胚，观察染色情况。以松属种胚为例，种子有生活力的染色情况是种胚全部染成红色，种胚的基部（少于胚茎长度的1/3）少许未染色；

种子无生活力的染色情况是种胚全部未染色或仅有浅红色斑点，胚茎具环形未染色者。

第五，记录、统计。

记录染色情况，计算测定结果。

2.靛蓝染色法

该方法适用于大多数针叶树种和阔叶树种。

染色原理：苯胺（靛蓝、酸性苯胺红等）不能透过种胚活细胞的原生质膜而容易透过死细胞使其染色。根据种胚染色情况，即可判断种子有无生活力。

靛蓝染色法的操作步骤与四氮唑染色法基本相同，不同之处在于溶液浓度。通常配制靛蓝药液的浓度为 0.1%～0.5%，即把 0.1～0.5 g 的靛蓝加入 100 mL 蒸馏水中。靛蓝染色需要的时间与温度有关。在 20～30℃条件下，需 2～3 h；在 10～20℃条件下，需 3～4 h；在 10℃以下，染色困难或完全染不上颜色。靛蓝染色的结果与四氮唑染色法结果正好相反。只要是种胚全部没有染上颜色、只在种胚基部（小于胚茎长度的 1/3）染上颜色、胚茎小部分染上颜色或子叶少许染色的种子，均为有生活力的种子；只要是种胚全部染色、种胚基部（大于胚茎长度的 1/3）染色、子叶大部分染色，以及胚茎呈环状染色的种子，均为无生活力的种子。

3.碘-碘化钾染色法

该方法适用于针叶树种子。

染色原理：利用种子中的淀粉对碘试剂的反应，来判断种子有无生活力。种子在发芽时有淀粉形成，淀粉在碘试剂作用下发生有色反应，使种胚呈暗褐色或黑色。若发生有色反应，则表示种子有生活力；反之，则为无生活力的种子。

此外，还可用 X 光照相和分光光度计测定光密度的方法来判断种子生活力，或者用过氧化氢鉴定法测定种子生活力等。

（六）种子优良度测定

优良度是指优良种子占供试种子的百分数。优良种子是通过人为的直观观察来判断的，这是最简易的种子品质鉴定方法。在生产上采购种子，急需在现场确定种子品质时，可依据种子硬度、种皮颜色、光泽、胚和胚乳的色泽、状态、气味等进行评定。优良度测定适用于种粒较大的种子，如银杏、油茶、樟树和檫树的种子的品质鉴定。

（七）种子健康状况测定

种子健康状况测定主要是测定种子是否带有真菌、细菌、病毒等各种病原菌，以及是否带有线虫等有害动物，其主要目的是防止种子上的危险性病虫害蔓延。

播种品质的检验是指对种子净度、千粒重、发芽势、发芽率及含水量等项目的测定。净度是用完好种子占供检样品质量的百分率表示。千粒重则是指 1 000 粒风干种子的质量。发芽势和发芽率是确定种子使用价值和估计田间出苗率的主要依据。含水量是种子水分占试样质量的百分率，它是安全贮运种子的重要因素。

第二节 园林植物的育苗

一、园林植物播种育苗

（一）种子的播前处理

种子播前处理的目的是提高种子发芽率，促使出苗整齐、幼苗健壮，缩短育苗期限，提高幼苗质量和数量。目前，机械播种时多采用包衣种子和丸粒化种子，这两类种子质量好且经过种子活化处理、微量元素浸种、种子包衣和种子丸粒化等处理，出苗率可达98%以上，不需要进行种子精选、消毒、催芽等播前处理。

1.种子精选

播种前应对种子进行筛选，去除混入的其他种子和杂物，选取种粒饱满、色泽新鲜、纯正且无病害的种子，并按种粒大小分级。

2.种子消毒

种子消毒有药粉拌种、药水浸种和温汤浸种三种方法。药粉拌种常用的药剂有90%的敌百虫、50%的多菌灵等，按播种量的3%拌种，消毒效果佳；药水浸种常用100倍的福尔马林溶液浸种15～20 min，或用1%的硫酸铜浸种5 min，或用10%的磷酸钠、2%

的氢氧化钠浸种 15 min，均有较好的消毒效果；温汤浸种适用于种皮较厚实的园林植物种子，水温应控制在 55℃ 以下。

3.种子催芽

常见种子催芽的方法有以下三种：

（1）浸种催芽

种子经过浸泡之后种皮软化，酶的活力加强，促使贮藏的物质水解，促进种子萌发。浸种的方法有冷水浸种（0～3℃）、温水浸种（30～60℃）和高温水浸种（70～90℃）等。一般种皮薄的、容易发芽的种子，如一串红、翠菊、半枝莲、金莲花、紫荆、珍珠梅、锦带花等植物的种子，用冷水或温水浸泡。种皮较厚的种子采用温水浸泡，如枫杨、苦楝、君迁子等植物的种子，可用 60℃ 温水浸泡；杉木、侧柏、臭椿等植物的种子可用 40～50℃ 温水浸泡；泡桐、悬铃木、桑等植物的种子可用 30℃ 温水浸泡。种皮坚硬而致密性、透水性很差的种子，如刺槐、皂荚、合欢、黑荆、山桃、山杏、乌桕、樟树、椴树、栾树、漆树等植物的种子，采用高温水浸泡。

用温水浸种特别是用高温水浸种，种子与水的容积比以 1∶3 为宜。先将种子放入容器，然后将温水倒入容器，边倒水边上下充分搅拌，使其受热均匀，再使其自然冷却。在倒入一次高温水后，如果还需继续浸种，则每天要换水 1～2 次，水温约 40℃。

种子吸水膨胀后，即可进行催芽。种子数量少的，可将浸泡后的种子放在催芽箱、光照培养箱，通气良好的箩筐、蒲包或花盆中催芽；种子数量多的，可用催芽室、地热装置、塑料拱棚或温室大棚进行催芽，待种子露白时即可播种。

（2）层积催芽

种子层积催芽一般需要把种子放在 0～5℃ 的环境下，经历 1～3 个月或更长的时间。层积期间要定期检查种子坑的温度，防止坑内温度升高较快引起种子霉烂，一旦发现种子霉烂，应立即取种换坑。在播种前 1～2 周，检查种子催芽情况，如果发现种子未萌动或萌动得不好时，要将种子移到温暖的地方，上面加盖塑料膜，使种子尽快发芽，当有 30% 的种子裂嘴时，即可播种。

（3）药剂浸种和机械损伤法催芽

有些种子外表有蜡质，种皮致密且坚硬。为了消除这些妨碍种子发芽的不利因素，必须采用化学或机械的方法，以促使种子吸水发芽。

对于马尾树、刺槐等的种子（或其他没有油脂、蜡质的种子），药剂浸种可用 1% 苏打水进行。药剂能起到软化种皮、促进种子代谢的作用。具有油脂、蜡质的种子，如乌柏、漆树、花椒、毛株、黄连木等植物的种子，需浸泡12 h才能去掉蜡质和油脂。赤霉素可以打破种子的休眠状态，如牵牛、牡丹、芍药、百合等植物的种子可用赤霉素浸泡。

另外，对种皮坚硬致密、透水透气性能差、不易吸水发芽的种子，如刺槐、油橄榄等植物的种子，可用机械损伤法处理，即将种子和沙粒、碎石等混合在一起揉搓或适当碾压，使种子擦伤、种皮破裂；美人蕉、荷花等大粒种子，可用小刀刻伤或磨去种皮的一部分，为种子创造通气透水的条件，使种子吸水膨胀而发芽。

（二）种子的播种期

适时播种能节约管理费用，保证出苗整齐和苗木质量，因此，合理确定播种期非常关键。播种期主要根据各种园林植物的生长发育特性、计划供花时间、环境条件及控制程度而定。

保护地栽培可按需要时期播种；露地自然条件下播种，则依据种子发芽所需温度及自身适应环境的能力而定。园林植物的播种期有以下四种情况：

1.春播

一年生花卉、宿根花卉及部分木本花卉适宜春播。露地播种一般在春季晚霜过后播种，南方多数地区常在2月下旬至3月上旬播种，其中，长江下游地区常在3月底至4月上旬播种；北方地区常在4月上中旬播种，若使用温室、塑料大棚、温床等设施可适当提前播种。

2.秋播

二年生花卉和部分木本花卉适宜秋播，如瓜叶菊、报春花、蒲苞花、芍药、鸢尾、飞燕草等。南方多数地区常在9月下旬至10月上旬播种，其中，长江下游地区常在9月上旬至10月上旬播种；北方地区常在8月底至9月初播种。

3.随采随播

有些花卉种子含水分多，生命力短，不耐贮藏，失水后容易丧失发芽力，应随采随播。例如，朱顶红、马蹄莲、君子兰、文殊兰、茶花、四季海棠等。

4.周年播种

热带和亚热带花卉的种子及部分盆栽花卉的种子常年处于恒温状态，随时成熟。如果温度合适，种子随时萌发，因此这类种子可周年播种。

（三）种子的播种技术

1.地播

地播是将种子播种于露地的一种方式，详细操作如下：

（1）苗床整理

选择通风向阳、土壤肥沃、排水良好的圃地，施入基肥，整地作畦，调节好苗床墒情，准备播种。

（2）播种方法

根据园林植物种类、耐移栽程度、园林用途可选择撒播、条播或点播等播种方法。

第一，撒播。

适用于小粒种子，如一串红、鸡冠花、翠菊、三色堇、虞美人、石竹、悬铃木、泡桐、杨树、柳树、松树、云杉、杉树等植物的种子。播种时，可在种子中混入适量细沙，经充分拌匀后再撒播。这种播种方法可降低出苗密度，减少用种量，提高成苗率。

第二，条播。

适用于中、小粒种子，如侧柏、马尾松、白栎、麻栎等植物的种子。绿化苗木培育多用条播。播种时按一定行距，将种子均匀撒在播种沟内。

第三，点播。

适用于大粒和发芽势强、幼苗生长旺盛的种子，或较稀少、珍贵的种子，如紫茉莉、牡丹、芍药、海棠、紫荆、丁香、金莲花、君子兰、银杏、核桃、七叶树、栎类、雪松、山桃、山杏等植物的种子。

（3）播种深度及覆土

播种后应立即覆土，可避免播种沟内的土壤和种子干燥而影响发芽。覆土厚度与种子萌发、幼苗出土有密切关系。覆土过薄，种子易暴露，得不到发芽所需的水分，同时也易受干旱、鸟兽、病虫等危害的影响；覆土过厚，种子易缺氧，不利于种子发芽，增加幼苗出土的困难。一般覆土厚度为种子直径的1～3倍，特小粒种子以似见非见为限度，小粒种子以0.5～1.0 cm为宜，中粒种子以1.5～2.5 cm为宜，大粒种子以3～5 cm为宜。

（4）播种后的管理

播种后要保持苗床湿润，不能使苗床有过干或过湿现象，以满足种子吸水膨胀的需要，种子发芽后要适当减少供水。播种后如遇高温、强光，要适当遮阳，避免地面出现"封皮"现象，影响种子出土。幼苗开始出土时，将覆盖的遮阳物掀下一半，出苗率达

50%时，全部掀去。

间苗是把多余的苗去掉，确定留苗。当真叶出土后，根据苗的稀密程度及时间苗。间苗、定苗在幼苗长出 2～3 片真叶时进行，做到早间苗、分期间苗、适时合理定苗，保证苗全苗旺。小粒种子的定苗距离为 10 cm，大粒种子的定苗距离为 15～20 cm，间苗时需要去掉劣苗、弱苗、密苗及病虫苗。

间出的健壮苗一律移栽，移栽前 1～2 d 先浇透水，使移栽时带土，这样容易成活。移栽最好在阴天、傍晚进行，随挖随栽，栽后立即浇水。

2.盆播

盆播是将种子播于盆器中育苗的一种方式，具体操作如下：

（1）苗盆准备

盆播一般采用盆口较大的浅盆或浅木箱。这类浅盆或浅木箱一般深度为 10 cm，直径为 30 cm，底部有 5～6 个排水孔，使用前需要洗刷消毒。

（2）盆土准备

在苗盆底部的排水孔上盖一个瓦片，下部铺 2 cm 厚粗粒河沙和细粒石子，以利于排水，上层装入过筛且已消毒的播种培养土，颠实、刮平，即可播种。

（3）播种

小粒、微粒种子，如四季海棠、蒲包花、瓜叶菊、报春花等植物的种子，可在掺土后撒播；大粒种子则采用点播的方法。播后根据种子大小用细筛覆土，用木板轻轻压实。

（4）盆播给水

盆播给水采用盆底浸水法。将播种盆浸到水槽里，下面垫一个倒置的空盆，便于通过苗盆的排水孔向上渗透水分，至盆面湿润后取出。浸盆后要用玻璃和报纸覆盖盆口，防止水分蒸发和阳光照射。夜间将玻璃掀去，使播种盆内保持通风透气，白天再将玻璃盖好。

（5）管理

盆播种子出苗后应立即掀去覆盖物，拿到通风处，逐步见阳光。可保持用盆底浸水法给水，当长出 1～2 片真叶时用细眼喷壶浇水，当长出 3～4 片真叶时可分盆移栽。

3.穴盘育苗

穴盘育苗是将种子播于穴盘中，这是目前园林植物生产常用的方法。

（1）选择基质

育苗基质的选择是穴盘育苗成功的关键因素之一。目前用于穴盘育苗的基质材料主要是草炭、蛭石、珍珠岩、炭化稻壳、锯末、炉渣灰、种过蘑菇的棉籽壳等。育苗常用的基质主要有泥炭、蛭石和珍珠岩三种。目前，市场商业化供应的种苗基质主要是用加拿大泥炭和蛭石，以一定的比例混合加工而成的。由于进口基质需压缩包装、蛭石易碎等，市场上最容易得到的基质是"75%泥炭+25%蛭石"的种苗专用基质。

（2）选择穴盘

选择穴盘要考虑穴孔的形状，方形或圆形的穴孔更有利于苗的根系向深处发展，使苗木得到充分发育，根系发生缠绕的情况也较少。穴孔中的基质干湿均匀一致，管理相对容易。

选择穴盘时，种子的大小也是一个需要考虑的因素。目前国内使用比较普遍的是288孔、128孔、72孔的穴盘。秋海棠、洋凤仙等苗期较长的植物适合用穴孔较大的穴盘；牡丹、飞燕草、洋桔梗等植物根系扎得较深，选择穴孔较深的穴盘较好；天竺葵、非洲菊、仙客来，以及部分多年生植物适合在开始阶段用穴孔较小的穴盘，然后再移栽到较大穴孔的穴盘中。

育苗穴盘按材质不同，可分为聚苯泡沫穴盘和塑料穴盘，其中，塑料穴盘的应用更为广泛。塑料穴盘一般有黑色、灰色和白色，多数种植者选择使用黑色穴盘，因为它吸光性好，更有利于种苗根部发育。穴盘的尺寸一般为54 cm×28 cm，规格有50孔、72孔、128孔、200孔、288孔、392孔等几种。

在育苗之前，要按照育苗种类、计划苗龄确定育苗穴盘的种类。大孔穴的苗盘体积大，每孔装的基质多，水分、养分蓄积量大，水分调节能力强，通透性好，有利于幼苗根系发育，管理较为容易，但可能育苗数量少，而且会增加成本；小孔穴的苗盘因基质水分变化较快，对管理技术水平要求较高。穴盘的深度对幼苗的生长也有很大的影响，与浅盘相比，深盘为幼苗提供了较多的氧气，促进了幼苗根系的生长发育。但是，选用深孔穴盘育苗应适当延长育苗期，以利于提苗。夏季育苗要使用孔数少的苗盘，冬季育苗要使用孔数多的苗盘。

（3）填料

填料时需要注意以下几个方面：

第一，填料前首先增加干料基质的湿度。

第二，穴盘基质填料要充足、均匀。

第三，防止同批基质在填料机中反复循环，以免基质颗粒大小出现明显差异。

第四，对穴孔中的基质略微施压，但不要过度压缩，这种压实但不压结的过程被称为"枕头效应"，种子下落到枕头一样的软面上不仅不会出现弹出现象，还会增加基质的通气量。

第五，需要覆料的品种基质不能填得过满，以便留出足够的空间覆料。

第六，已经填料的穴盘不能垂直码垛在一起，以免下层的穴盘基质压结。

（4）播种

生产者可以选择适用的播种机，以便播种机发挥最大的作用。通过比较平板式、针管式、滚筒式三种类型播种机的优缺点，再结合中国当前花卉生产的特点，笔者在此推荐种苗生产者使用较经济实用的平板式播种机。另外，播种精度要高，种子下落的位置尽量靠近穴孔的中心。

（5）覆料

多数植物的种子在播种后一般需要覆料盖种，以满足种子发芽所需要的环境条件，保证种子正常萌发和出苗。

对种子进行覆盖要考虑多方面因素。一般情况下，粒径较大的种子，如万寿菊、百日草、大丽花、翠菊等植物的种子，需要全部覆盖。播种后需保持种子四周有充足的水分，才能使种子萌发。有些植物的种子只有在黑暗的条件下才能萌发，为了满足植物的这种特性，通常使用粗质蛭石或其他材料进行覆盖，以达到遮黑促芽的目的。对已播种子覆料可以保持种子四周的空气湿度，但要注意水分不可过多，要给种子萌芽留出呼吸的空间，以便种子萌芽时有足够的氧气供应。对于有些作物而言，覆盖种子能促进幼苗根系的生长。根系对光照极为敏感，光照往往会使种子调控扎根方向的机能紊乱，致使幼根不能顺利地向下扎入育苗基质，影响正常生长，如三色堇、万寿菊和天竺葵的种子在萌发过程中有时会发生这样的情况。

（6）浇水

在用穴盘育苗过程中，水分管理是管理中较重要的一个环节，稍有不慎，便有可能造成不可挽回的损失。在生产线上穴盘苗的播种、覆盖之后，便需要进行育苗过程中的第一次浇水。如果采用密闭式发芽室育苗，在育苗穴盘内完成播种、覆土之后，且放进发芽室之前，就需要透浇第一遍水。透浇不等于过量，需要避免将种子深深埋入基质或将种子冲出穴盘。如果要达到对穴盘进行适浇的目的，最好的方法便是使用淋水器。

二、园林植物扦插育苗

扦插繁殖是将离体的植物营养器官，如根、茎、叶、芽或其中的一部分，在一定条件下插入基质中进行人工培育，使之发育成完整新植株的繁殖方法。扦插繁殖方法简单，取材容易，成苗迅速，且繁殖系数大，是园林植物营养繁殖育苗的重要方法。

（一）园林植物扦插成活的原理

1.皮部生根原理

正常情况下，在木本植物枝条的形成层部位，能够形成许多特殊的薄壁细胞群，这些薄壁细胞群被称为根原基。根原基是产生大量不定根的物质基础，大多数园林植物的根原基是在生长末期形成的。如果采取的插穗已形成根原基，则在适宜的温、湿度条件下，插穗经过很短时间就能从皮孔中长出不定根。插穗的分生组织、形成层发育越好，活的薄壁细胞的营养物质供应越多，枝条中根原基的生长发育就会越好，生根也会越快。凡是扦插成活容易、生根较快的园林植物都属于此类。

2.愈伤组织生根原理

在插穗下切口的表面可形成半透明、具有明显细胞核的薄壁细胞群，即初生的愈伤组织，它保护插穗的切口免受外界不良环境的影响，同时也具备着继续分生的能力。

初生的愈伤组织形成后，其细胞继续分化，逐渐形成能和插穗相近的组织发生联系的木质部、韧皮部和形成层等组织，并形成根的生长点，在适宜的温、湿度条件下，就能产生大量的不定根。插穗的组织越充实，细胞所含的原生质越多，越容易形成愈伤组织。扦插成活较困难、生根较慢的植物的生根类型大多属于此类。

另外，在皮部生根类型与愈伤组织生根类型之间还有混合生根类型。

（二）园林植物扦插繁殖的生理生化基础

1.植物激素与植物生长调节剂

内源植物激素由植物体自身合成，种类很多，对插穗生根作用最大的是生长素，其化学成分为吲哚乙酸。吲哚乙酸及其衍生物普遍存在于植物体中，从活动芽及叶中产生，转运到作用部位，促进插穗的根原基细胞的分生与不定根的形成。现在普遍使用的人工合成的化学物质，如吲哚丁酸、萘乙酸，结构上与吲哚乙酸相似，功能上与吲哚乙酸相同。促进插穗产生不定芽的激素是细胞分裂素，自然界最常见的是玉米素及其衍生物。人工合成常用的有 6-苄基腺嘌呤。要想让插穗良好生根与长芽，必须使上述两类激素达到某种动态平衡。

2.其他辅助物质

扦插不易生根的植物在经吲哚乙酸处理后，有一些植物能生根，但是有一些植物仍不能生根。经研究，在活动芽及叶中能产生一些生根辅助物质，如类萜、氯原酸、脂质、儿茶酚、正二羟酚、酶、糖等。

（三）影响园林植物扦插成活的因素

不同植物的生物学特性不同，扦插成活的难易程度也不同。即使是同一植物的不同品种，其扦插生根的情况也有差异。植物扦插成活除了与植物本身的生物学特性有关，也与插穗的选取，以及温度、湿度、土壤等环境条件有关。

1.内在因素

（1）植物的种类

由于遗传特性的差异，不同植物的形态构造、组织结构、生长发育规律和对外界环境的适应能力等也不同。因此，在扦插过程中生根难易程度不同，有的扦插后容易生根，有的稍难，有的甚至不生根。根据生根扦插难易程度，可以将植物归纳为以下四类：

第一，极易生根的植物。例如，柳树、杨树、杉木、柳杉、水杉、池杉、落羽杉、白蜡树、柽柳、木槿、连翘、月季、栀子花、大叶黄杨、金钟花、六月雪、溲疏、小叶黄杨、南天竹、小蜡、木芙蓉、野蔷薇、木香、麻叶绣球、海仙花、仙人掌、菊、常春藤等。

第二，较易生根的植物。例如，泡桐、国槐、刺槐、水蜡、茶花、夹竹桃、杜鹃、罗汉松、侧柏、扁柏、花柏、北美圆柏、悬铃木、棣棠、金雀花、珊瑚树、十大功劳、女贞、迎春、探春等。

第三，较难生根的植物。例如，樟树、槭树、梧桐、臭椿、银杏、木兰、海棠、米兰、雪松、龙柏、粗榧、月桂、金松、海棠、广玉兰、核桃等。

第四，极难生根的植物。例如，大部分松科、山毛榉科、榆科、槭树科、胡桃科、棕榈科、柿科、杨梅科的植物等。

植物在生根的难易程度方面，不但科与科不同，属与属不同，即使是同属的植物差异也很大。所以，不能以植物分类学来划分植物扦插生根的难易，在科属区别上，生根难易是相对的。

（2）母树的枝条

一般情况下，插穗的生根能力随着母树年龄增长而降低。实生母树的枝条比扦插母树的枝条生根率高；主轴上的枝条比侧枝生根率高；同一株树上，一般向阳面的、树冠中上部的枝条生根率高。

（3）枝条上的叶片、叶芽

绿枝扦插要保留叶片，叶片光合作用可以制造生长素运送到基部，促进根的生长，提高成活率。同时，叶芽也能合成生长素，对生根影响极大，一般根多生发于叶芽的相反方向，如果把叶芽除去，则发根显著减少。

（4）激素和维生素

对于含激素较多的树种来说，扦插易生根。吲哚乙酸、吲哚丁酸、萘乙酸都有促进不定根形成的作用。维生素 B_1、维生素 B_2、维生素 C、烟碱在生根中具有良好的效果。

2.外界因素

（1）温度

温度对插穗生根的影响表现在气温和基质温度两个方面。插穗生根要求的温度因树种而异，大多数植物扦插生根的适宜气温为 15～20℃，嫩枝扦插的适宜温度为 20～25℃，热带植物扦插的适宜温度为 25～30℃。基质温度高于气温 3～6℃时，有利于插穗生根，提高成活率。

（2）湿度

在扦插生根的过程中，保持较高的空气湿度是扦插生根的重要条件之一，尤其是对一些难生根的植物来说，湿度更为重要。在扦插后，且不定根形成前，没有根系从土壤中吸收水分，而插穗及其叶片的蒸腾作用仍在进行。在这种情况下，如果不加以控制，极易引起插穗地上、地下部分的水分失去平衡，导致插穗萎蔫、死亡。一般插床基质含水量控制在 50%～60%，插床周围空气相对湿度应在 80%～90%。可采用遮阳和人工喷水的办法增加空气湿度，有条件的可以使用间歇喷雾装置。

（3）光照

光照对嫩枝扦插尤为重要。嫩枝插穗一般带有顶芽和叶片，并在日光下进行光合作用。一定的光合强度能够为插穗生根提供所需的糖类，同时也可以补充枝条本身合成的内源生长素，缩短生根时间，提高生根率。但光照太强会增大插穗及叶片的蒸腾强度，加速水分的散失，引起插穗水分失调而枯萎。因此，嫩枝扦插后，可以通过间歇喷雾，增加插穗周围小气候的空气湿度，促进插穗生根。

（4）氧气

插穗在生根过程中需进行呼吸作用，尤其是当插穗愈伤组织形成后，新根生发时呼吸作用增强。可适当降低插床湿度，提高基质的氧气供应量。

（5）植物生长调节剂

扦插繁殖中常用植物生长调节剂，以促进插穗早生根多生根。常见的植物生长调节剂有萘乙酸、吲哚乙酸、吲哚丁酸等，使用植物生长调节剂可以刺激植物细胞扩大、伸长，促进植物形成层细胞的分裂而生根。

3.促进生根的方法

（1）枝条的机械处理

通过对枝条进行机械处理，以促进愈伤组织的形成，以便生根，具体操作如下：

第一，剥皮。

对发根难、木栓组织发达的品种（如芍药），可在扦插前先将表皮木栓层剥去，这样有利于对水分的吸收和发根。

第二，环剥、刻伤、纵划伤或绞缢。

新梢停止生长后，且在扦插前，如果在枝条基部进行环剥、刻伤或绞缢等处理，可以使营养物质和生长素在伤口以上部位积累，利于扦插时发根。扦插时，加大插穗下端伤口；或在枝条生根部位，纵划5～6条伤口，深达形成层，以见到绿皮为度；或适度弯曲，使表皮破裂。上述做法均有利于枝条形成不定根。

（2）插穗的黄化处理

对插穗进行黑暗处理有利于根原基的分化，促进生根。一般常用培土、罩黑色纸袋等方法使插穗黄化。该处理需在扦插前3周进行。

（3）扦插的加温处理

早春扦插可采用基质加温处理促进生根。采用电热等加温措施，使插穗基部的基质温度保持在20～25℃，气温保持在8～10℃，经3～4周即可生根。

（4）植物生长调节剂处理

常用的植物生长调节剂有液剂和粉剂，如吲哚乙酸、吲哚丁酸、萘乙酸、苯氧乙酸、苯乙酸、维生素 B_1、维生素 B_2、维生素 B_6、维生素 B_{12}、生根粉等。处理方法分为液剂浸渍和粉剂蘸沾。其中，粉剂蘸沾时，需要先用清水浸湿插穗基部，然后蘸粉。有些营养物质如蔗糖、果糖、葡萄糖等溶液，与生长素配合使用，有利于生根。

（四）植物的扦插基质

1.基质与基质材料

扦插基质应具有保温、保湿、疏松、透气、洁净，酸碱度呈中性，不带病虫、杂草及任何有害物质，成本低，便于运输等特点。

常见基质或用于配制基质的材料有以下几种：

（1）蛭石

蛭石是一种云母矿物质，经高温制成，黄褐色，呈片状，疏松透气，保水性好。适宜木本、草本植物扦插。

（2）珍珠岩

珍珠岩由石灰质火山熔岩粉碎高温处理而成，白色颗粒状，呈中性，疏松透气质地轻，保温性和保水性好。仅以一次使用为宜，长时间使用易滋生病菌，导致颗粒变小，透气性差。适宜木本花卉扦插。

（3）砻糠灰

砻糠灰由稻壳炭化而成，疏松透气，保湿性好，吸热性好，经高温炭化后不含病菌。适宜草本植物扦插。

（4）沙

细沙保水性好，透水性差；粗沙透水性好，保水性差。扦插宜用直径约 1 mm 的中等沙；或下面用粗沙，上面用细沙。使用时用筛除去粗石粒和杂物，并用清水淘尽沙中泥土和杂物，有利于保水透气。河沙成本低，不含腐殖质，疏松透气，没有病虫害，有利于插穗愈合和早萌新根。

（5）腐殖质土

腐殖质土质地疏松，有机质多，保水性和透气性均好。使用前用筛除去枯枝、叶梗和石粒等杂物，在阳光下暴晒 2～3 d 以杀死其中的多种腐生病菌。适宜扶桑、灯笼花、琼花、叶子花等植物。

（6）泥炭

泥炭，又被称为草炭，是植物残体在水分过多、空气不足的条件下，分解得不充分的有机物。泥炭呈酸性，吸水性和排水性好，适宜草本植物。可用松树皮与草炭按 3：1 的比例混合，作茶花的扦插育苗基质。

（7）苔藓

苔藓质地柔软疏松，含水量高，排水性差。在使用时须与蛭石、珍珠岩、河沙或炉渣等混用，以改善排水性和通气性。

（8）谷壳粉

谷壳粉的粉粒大小均匀且疏松，呈碱性，富含钾素，吸水性和保水性好，浇水不板结，最适宜有喷雾装置设施的苗圃扦插育苗。此外，还适宜草本植物的扦插育苗，使用后幼苗发根迅速而粗壮。

（9）黄土

黄土质地较为疏松，吸水性和保水性较好，污染少，不带土壤病虫，扦插育苗易生根，发根多而壮，使用时最好选用 50 cm 以下土层的黄心土作基质。适宜茶花、桂花、含笑、月季、天女花、紫玉兰等植物。

此外，炉渣灰、火山灰、刨花、锯末、蔗糖渣等也可单用或混用，作为扦插基质。

2.基质的配制

根据扦插植物种类及插穗类型的不同，应选择一种或几种基质材料作为扦插基质。扦插基质应符合保温、保湿、疏松、透气、洁净、中性，不带病、虫、杂草及任何有害物质等一般条件，配制时应根据扦插植物的种类和插穗的类型进行。在条件允许的情况下，基质应进行消毒，以减少病虫害对插穗生根和成活的影响。

（五）植物的扦插方法

在植物扦插繁殖中，根据繁殖材料不同，扦插方法可以分为叶插、枝插和根插。

1.叶插

凡具有粗壮的叶柄、叶脉或肥厚的叶片的植物，大多能进行叶插。叶插可分为全叶插和片叶插。

（1）全叶插

全叶插以完整叶片为插穗，全叶插分为平置法和直插法两种。

第一，平置法。

将叶片平铺于基质上，叶背面与基质紧贴，自叶缘处（或叶片基部、叶脉处）产生植株。适合用此法进行繁殖的植物有大叶落地生根、蟆叶秋海棠等。

第二，直插法。

将叶柄插入基质中，叶片立于基质面上，从叶柄基部发生不定芽，进而形成新植株。适合用此法进行繁殖的植物有大岩桐、非洲紫罗兰、豆瓣绿、球兰、虎尾兰等。

（2）片叶插

片叶插是指将一个叶片分切为数块，分别进行扦插，在每块叶片上形成不定芽。适合用此法进行繁殖的植物有蟆叶秋海棠、大岩桐、豆瓣绿、虎尾兰等。

2.枝插

根据插穗的木质化程度的不同，将枝插分为硬枝扦插和嫩枝扦插两种。

（1）硬枝扦插

在休眠期用完全木质化的一、二年生枝条作插穗的扦插方法，被称为硬枝扦插。硬枝扦插通常分为长穗扦插和单芽扦插两种：长穗扦插是用2个以上芽的插穗进行扦插，单芽扦插是用仅带1个芽的插穗进行扦插。硬枝扦插通常用于易生根树种和较易生根树种。

第一，硬枝插穗的选择。

一般应选择优良母树上发育充实、已充分木质化的一、二年生枝条作插穗。常绿树种可随采随插；落叶树种在秋季落叶后尽快采条，采条后如不立即扦插，应将枝条剪成插穗后进行低温贮藏、窖藏贮藏或沙藏处理。在园林实践中，还可将整形修剪时切除的优选枝条贮藏待用。

第二，硬枝插穗的剪截。

一般长穗插穗长 15～20 cm，保证插穗上有 2～3 个发育充实的芽；单芽插穗长 3～5 cm。剪切时上切口距顶芽 1 cm 左右，下切口在节下 1 cm 左右。下切口有平切、斜切、双面切、踵状切等几种切法。一般平切口生根呈环状均匀分布，便于机械化截条。斜切口与插穗基质的接触面积大，可形成面积较大的愈伤组织，有利于吸收水分和养分，提高成活率，但根多生于斜口的一端，易形成偏根，同时剪穗也较费工。双面切与基质的接触面积更大，在生根较难的植物上应用较多。踵状切即在插穗下端带 2～3 年生枝段，常用于针叶树。

（2）嫩枝扦插

在生长期用半木质化带叶片的枝条作插穗的扦插方法，被称为嫩枝扦插。嫩枝扦插多用于较难生根树种，也可用于易生根树种和较易生根树种。

第一，插穗的选择。

对于针叶树，如松类、柏类等，扦插以夏末剪取中上部半木质化的枝条为好。实践证明，采用中上部的枝条进行扦插，其生根情况好于下部的枝条。对于阔叶树，一般在其生长最旺盛的时期剪取幼嫩的枝条进行扦插。对于大叶植物，当叶未完全展开时采条为宜。对于难生根和较难生根的树种，应从幼年母树和苗木上采半木质化的一级侧枝或基部萌芽枝作插穗。难生根的植物可以进行黄化处理或环剥、绞缢等处理。嫩枝插穗采条后应及时喷水或放入水中，保持插穗的水分。

第二，插穗的剪截。

枝条采回后，在阴凉背风处进行剪截。插穗一般长 10～15 cm，带 2～3 个芽，保留叶片的数量可根据植物种类与扦插方法而定。

3.根插

有些宿根花卉能从根上产生不定芽，形成幼株，适合采用根插繁殖。可用根插繁殖的花卉，如牡丹、芍药、月季、补血草等，大多具有粗壮的根，且粗度不小于 2 mm。结合分株将粗壮的根剪成 10 cm 左右的小段，全部埋入插床基质或顶梢露出土面，注意上下方向不可颠倒。有些草本植物的根，如蓍草和宿根福禄考的根，可以剪成 3～5 cm 的小段，然后用撒播的方法撒于床面后覆土即可。

（六）植物的扦插后管理

插穗生根前要调节好温度、光照、水分等条件，促使其尽快生根。其中，保持高空气湿度，不使插穗萎蔫干枯最重要。根插的插穗全部或几乎全部埋入土中，这样不易失水干燥，管理也较容易。多浆植物和仙人掌等植物本身是旱生类型，插穗内含水分高，蒸腾少，因此保温比保湿更重要。

间隙喷雾法是使用较为广泛的方法之一。它既保持了周围空气的较高湿度，使叶面有一层水膜，又为插穗（尤其是嫩枝插穗）提供了光照，较好地解决了光照与空气湿度的矛盾。间隙喷雾常采用时间间隙或根据叶面的水膜来控制喷雾间隙。

在不具备间隙喷雾条件时，可通过遮阳来降低扦插床的温度，以减少水分散失。在白天阳光强烈时用遮阳物覆盖扦插床，在阳光强度弱或在夜间时，掀去遮阳物。扦插苗在喷雾或遮阳条件下生根后，常较柔嫩，在移栽于较干燥或较少保护的环境之前，应逐渐减少喷雾至停喷，或逐渐去掉遮阳物，并减少供水，加强通风与光照，使幼苗得到锻炼后再移栽。移栽最好能带土，防止伤根。不带土的苗须放于阴凉处多喷水保湿，以防萎蔫。

不同的扦插苗移栽处理的方法不同。草本扦插苗生根后生长迅速，故生根后要及时移栽。叶插苗初期生长缓慢,待苗长到一定大小才能移栽。嫩枝扦插和半硬枝扦插应根据扦插的早晚、生根的快慢及生长情况来确定移栽时间。一般在扦插苗不定根已长出足够的侧根、根群密集而又不太长时移栽最好。生根及生长快的植物可在当年休眠期前进行移栽;扦插晚、生根晚及不耐寒的植物,如茶花、米兰、茉莉、扶桑等,最好在苗床上越冬,翌年再移栽。硬枝扦插的落叶树种生长快,1年即可成商品苗,适合在入冬落叶后的休眠期移栽。常绿针叶树生长慢,需在苗圃中培养2~3年,待有较发达的根系后,于晚秋或早春带土移栽。

三、园林植物的嫁接育苗

嫁接育苗是将植株的一段枝条或芽接到另一植株的枝干或根上,接口愈合后形成新植株。通过嫁接所得的苗木,被称为嫁接苗,它是一个由两部分组成的共生体。供嫁接用的枝或芽,被称为接穗;承受接穗带根的植物部分,被称为砧木。嫁接育苗综合了扦插育苗和播种育苗的优点,由于接穗采取的是母本营养器官的一部分,所以能保持母本品种的优良特性,且成株快。砧木通常由种子繁殖所得,根系强壮且适应性强。嫁接育苗主要用于一些不易用分生、扦插法繁殖的木本植物,如茶花、月季、杜鹃、白兰花、樱花、梅、桃等;部分草本植物,如菊、仙人掌等,也采用嫁接法育苗。

嫁接能够实现园林植物的特殊造型,如以黄蒿作砧木培育塔菊,在直立砧木上嫁接垂枝桃、龙爪槐、蟹爪兰、仙人指等下垂品种,形成伞状造型,在一株砧木上嫁接多个花色品种的树桩月季、盆景式杜鹃等。通过嫁接,还可对古树名木的树形、树势进行恢复和补救等。

(一)嫁接成活的基础

1.砧木与接穗的亲和力

嫁接亲和力是指砧木与接穗在内部组织结构、生理、遗传上彼此相同或相近,通过嫁接相互结合在一起,并正常生长的能力。亲缘关系近的植物亲和力强,嫁接成活率高。不同科的植物亲和力弱,嫁接不易成活。因此,嫁接育苗一般在同属内、同种内或同品种的不同植株间进行。

2.细胞的再生能力

嫁接的过程实际上是砧木与接穗切口相互愈合的过程。首先，在砧木和接穗切口表面产生一层褐色的坏死层，把砧木和接穗的生活细胞分隔开。其次，在适宜的温度与湿度下，坏死层下的薄壁细胞开始大量增殖，产生一批新的细胞，形成愈伤组织。初期的愈伤组织主要是由韧皮射线及薄壁细胞产生，又因砧木携带根系，故初期大部分愈伤组织来自砧木。再次，愈伤组织生长2～3 d后便向外突破坏死层，很快便填满砧木与接穗间的微小空隙，即薄壁组织互相混合与连接，使砧穗彼此连接愈合。最后，嫁接后2～3周，愈伤组织的外层与原有形成层相连的部位，开始分化出新的形成层细胞，并逐渐向内分化，和砧穗原有的形成层连接起来。新形成层能够产生新的微管束组织，使砧木和接穗的微管系统相通，完成最后的愈合。

3.嫁接物候期

接穗要在休眠期采集，在低温下贮藏，翌春砧木树液流动后再进行嫁接。嫁接后，接穗处于休眠状态，芽不萌动，接穗内营养水分消耗少，砧木树液流动所含的营养和水分主要供应形成层细胞分裂，促进愈伤组织的形成，提高成活率。

（二）嫁接成活的条件

1.技术条件

嫁接成活的关键在于尽量扩大砧木和接穗形成层的接触面。接触面越大，接触越紧密，输导组织沟通越容易，成活率也越高。嫁接时要掌握"切削面平滑，形成层对齐，绑扎要牢固"的技术要领，具体技术要点包括刀刃锋利，操作快速、准确，削口平直、光滑，砧穗的接触面大、形成层相互吻合，砧穗紧贴无缝，捆扎牢固、密闭等。

2.环境条件

（1）温度

温度对愈伤组织发育有显著影响。植物生长的最适宜温度一般为20～30℃，这也是愈伤组织形成的最适宜温度。夏、秋季芽接时，温度一般能满足要求。春季枝接时，若嫁接太晚、温度过高，会导致嫁接失败；若嫁接太早、温度过低，则愈伤组织生长较少。

（2）湿度

湿度是影响嫁接成活的主导环境因子。接穗在切离母体后，至与砧木愈合前，其水分平衡只靠环境湿度来维持。另外，愈伤组织的生长需要较高的环境湿度。接口湿度以

95%～100%为宜，生产中一般采用泥炭藓包裹、套塑料袋、涂蜡等方法保湿。

（3）氧气

愈伤组织的生长需要充足的氧气，生产上常用透气、保湿的聚乙烯膜包裹嫁接口和接穗。

（三）嫁接的时期

嫁接的时期与树种的生物学特性、物候期和选用的嫁接方法有密切的关系。掌握树种的生物学特性、选用适当的嫁接方法，并在适当的嫁接时期进行嫁接，是保证嫁接成功的关键。

1.休眠期的嫁接

休眠期嫁接分为春季嫁接和秋季嫁接。枝接以早春为好，一般在3～4月进行，此时是一般树种形成愈伤组织的最佳时期，从嫁接到成活的时间可大大缩短。秋季嫁接在10～12月初进行，嫁接后当年可以愈合，翌年春季接穗再抽枝。

2.生长期的嫁接

生长期的嫁接主要为芽接，芽接在夏末秋初进行为好。芽接的接穗（接芽）采自当年新梢，故应在新梢芽成熟之后进行嫁接，若过早则芽不成熟，若过迟则不易离皮，操作不便。

（四）嫁接的工具

嫁接工具有嫁接刀、修枝剪、手锯及辅助工具等。嫁接刀有芽接刀、切接刀、劈接刀等，辅助工具有小铁锤或凿子等，另外，还需要准备塑料薄膜条、塑料袋等绑扎和覆盖材料。

（五）嫁接的方法

嫁接方法因植物种类、砧穗状况等不同而异，依据砧木和接穗的来源性质可分为枝接、芽接、根接等。

1.枝接

枝接常用有一个或数个芽的枝段为接穗。按接口的形式，枝接分为切接、劈接、插皮接、舌接、靠接、腹接等。

（1）切接

切接是枝接中最常用的一种，操作简易，适用于砧木比接穗粗的情况。选定砧木后，在其离地 10～12 cm 处水平截去上部，在横切面一侧（略带木质部，横断面为直径的 1/5～1/4）用嫁接刀纵向下切 2 cm 左右。

将选定的接穗截取 5～8 cm 的小段，每段保留 2～3 个完整饱满的芽。在接穗下端稍带木质部削一个平直光滑的削面，削面长 2～3 cm，再在其下端相反的一面削出一个 1 cm 以内的短斜面。

将削好的接穗的长削面向里插入砧木切口中，使双方形成层对准密接。接穗插入的深度以接穗削面上端露出 0.5 cm 左右为宜，俗称"露白"，有利于接穗愈合成活。砧木切口过宽时，可对准一侧的形成层。然后用塑料条由下向上捆扎，必要时可在接口处封泥、涂接蜡，以减少水分蒸发，达到保湿目的。

（2）劈接

劈接适用于大部分落叶树种，通常在砧木较粗、接穗较细时使用这一形式。

将砧木在离地面 5～10 cm 处锯断，并削平剪口。用劈接刀从其横断面的中心垂直向下劈开。注意劈时不要用力过猛，要轻轻敲击劈接刀的刀背或按压刀背，使刀徐徐下切，切口长 2～3 cm。

截取接穗枝条 5～8 cm，保留 2～3 个芽。接穗下端削成约 2 cm 长的楔形，两面削口的长度一致，将削好的接穗插入砧木劈缝。接穗插入时可用劈刀的楔部将劈口撬开，轻轻将接穗插入，靠一侧对齐形成层。砧木较粗时，可同时插入 2 个或 4 个接穗。劈接一般不必绑扎接口，但如果砧木过细，夹力不够，就用塑料薄膜条或麻绳绑扎。大立菊嫁接，杜鹃、榕树、金橘的高头换接都用此嫁接方法。

（3）插皮接

插皮接适用于粗大的砧木。将砧木在距地面 5～8 cm 处锯断，在光滑的一侧将皮层竖划一切缝，长 3 cm 左右。接穗下端削成一侧长 3～6 cm、背侧长不足 1 cm 的两个削面。

把接穗大削面朝向木质部，慢慢插入砧木皮层与木质部之间，至削面稍"露白"为止。最后用塑料薄膜条绑扎。

（4）舌接

舌接适用于砧穗较细且等粗的情况。在接穗基部芽的同侧削一个马耳形切面，长 3 cm，削面要光滑平整。再在削面由下往上 1/3 处顺着树条往上劈，劈口长约 1 cm，呈舌状。

砧木处理同接穗一样。把接穗的劈口插入砧木的劈口中，使接穗和砧木的舌状部位交叉起来，然后对准形成层，向内插紧。如果砧木和接穗不一样粗，一侧的形成层就要对准、密接、绑严。

（5）靠接

靠接主要用于亲和力较差、嫁接困难的树种。先将靠接的两株植株移至一处，各选定一个粗细相当的枝条，在靠接部位削去长度相等的削面，削面要平整，深度接近中部。两枝条的削面形成层紧密结合，至少对准一侧形成层，然后用塑料膜带扎紧。待愈合成活后，将接穗自接口下方剪离母体，并截去砧木接口以上的部分，即成一株新苗。例如，用小叶女贞作砧木嫁接桂花、大叶榕树嫁接小叶榕树、代代（又名"苦橙"）嫁接佛手等。

（6）腹接

腹接，又被称为腰接，是在砧木腹部进行的枝接，常用于龙柏、五针松等针叶树种的繁殖。砧木不去头，或仅剪去顶梢，待成活后再剪除上部枝条。砧木的切削应在适当的高度，选择平滑面，自上而下深切一刀，切口深入木质部，达砧木直径 1/3 左右，切口长 2～3 cm，此法为普通腹接。也可将砧木横切一刀，竖切一刀，呈"T"字形切口，把接穗插入，绑严即可，此法为皮下腹接。

2. 芽接

用芽作接穗的嫁接方法，被称为芽接，常用于较细的砧木。芽接的优点是：节省接穗，砧木能用一年生苗进行嫁接，接合牢固，愈合容易，成活率高，且操作简单，可嫁接的时间长，未成活的可补接，便于大量繁殖苗木。

芽接法的操作要快，嫁接时如果接芽失水，或削面暴露在空气中的时间过长，芽易氧化而影响成活，尤其是含单宁的树种，如核桃、板栗和柿子等。因此，在削取芽片后，要迅速开好砧木切口，立即插入芽片并加以捆扎。

根据取芽的形状和接合的方式不同，常把芽接分为以下三种：

（1）"T"字形芽接

"T"字形芽接，又被称为盾状芽接，是苗木培育时最常用的嫁接方法，适用于各种木本植物。

选枝条中部饱满的侧芽作接芽，剪去叶片，保留叶柄，取芽时要在芽上方 0.5～0.7 cm 处横切一刀，深达木质部，再从芽下方约 1 cm 处向上削取芽片，芽片呈盾形，长 2 cm

左右，连同叶柄一起取下（一般不带木质部）。

在砧木嫁接部位光滑处横切一刀，深达木质部，再从切口中间向下纵切一刀，长约3 cm，使其呈"T"字形，用芽接刀尾骨片轻轻把皮剥开，将盾形芽片插入"T"字口内，紧贴形成层，用剥开的皮层合拢包住芽片，用塑料膜带扎紧，露出芽及叶柄。

（2）嵌芽接

嵌芽接用于枝条具有棱角、沟纹的树种，如栗、枣等；或用于皮层不易分离的时期。接穗上的芽需自上而下切取，在芽的上部往下平削一刀，在芽的下部横向斜切一刀，即可取下芽片，一般芽片长 2～3 cm，宽度不等，依接穗粗细而定。

砧木的切削是在选好的部位由上向下平行切下，但不要全切掉，下部留 0.5 cm 左右不切，然后将芽片插入切口使两者形成层对齐，再将留下的部分贴到芽片上，用塑料薄膜条绑扎好即可。

（3）方块芽接

方块芽接比"T"字形芽接操作复杂，一般树种不选用。但方块芽片与砧木的接触面大，有利于成活，因此适用于柿、核桃等嫁接后较难成活的树种。

方块芽接时，在接穗上切削深达木质部的长方形芽片，一般长 1.8～2.5 cm，宽 1～1.2 cm，先不取下来，在砧木上根据接芽上下口的距离，横切相应长短的皮层，并在右边竖切一刀，掀开皮层，然后把接芽取下，放进砧木切口，使右边切口互相对齐，在接芽左边把砧木皮层切去一半，使留下的砧木皮层仍包住接芽，最后加以绑缚。

3.根接

根接即以根为砧木的嫁接方法，肉质根的花卉常用此方法嫁接。以牡丹为例，牡丹根接一般在秋天温室内进行。以牡丹枝为接穗，芍药根为砧木，按劈接的方法将两者嫁接成一株，嫁接处扎紧并埋入湿沙堆中，露出接穗，让接穗接受光照，在此期间要保持一定的空气湿度，30 d 成活后即可移栽。

（六）嫁接苗的管理

1.检查成活

枝接的嫁接苗枝芽新鲜，愈合良好，芽已萌动，即为成活。对于芽接的嫁接苗，用手指轻触接芽上的叶柄，一触即落表示成活，叶柄干枯不落则说明嫁接苗很有可能已死亡；接芽不带叶柄的，则需解除缚扎物进行检查，如果芽片新鲜，已产生愈合组织，则表示嫁接成活，需把缚扎物重新扎好。

2.解绑放风

枝接一般在接后20~30 d可进行成活率的检查。凡嫁接成活者,在新梢长至2~3 cm时,都要及时解除缚扎物,以免影响其生长。

3.剪砧

芽接成活后,剪去接芽上方砧木部分或残桩的方法,被称为剪砧。一般树种大多可采用一次剪砧,即在嫁接成活后,且在芽开始生长前,将砧木自切口从上边剪去,剪口要平,以利于愈合。对于成活困难的树种,如腹接的松柏类、靠接的茶花、桂花等,可采用二次剪砧,即第一次剪砧时留下一部分砧木枝条,枝条会吸收水分和制造养分,把养分供给接穗,这种状况甚至可保持1~2年。

4.补接

对于嫁接未成活的,要及时补接。补接一般与检查成活、剪砧、解绑放风同时进行。

5.除萌蘖和抹芽

剪砧后,砧木上还会萌发不少萌蘖,它们与接穗同时生长,争夺营养和生长空间,对接穗的生长很不利,应及时去除。除萌蘖和抹芽要多次进行,以节省养分。

6.加强综合管理

接穗在生长初期很娇嫩,如果遭到损伤,就会前功尽弃,故需及时立支柱将接穗轻轻缚扎住,进行扶持。新梢长出后,生长前期要满足肥水供应,并适时中耕除草;生长后期适当控制肥水,防止旺长,使枝条充实。同时还要注意防治病虫害,保证苗木正常生长。

四、园林植物的分生、压条育苗

(一)分生育苗

分生育苗是利用植株基部或根上产生萌枝的特性,人为地将植株营养器官的一部分与母株分离或切割,另行栽植和培养,从而形成独立生活的新植株的繁殖方法。该方法简便,新植株能保持母本的遗传性状,有利于成活,成苗较快。

1.分生育苗的时期

分株时期依种类而定，大多在休眠期结合换盆进行。为了不影响开花，一般夏、秋季开花的植物在早春萌芽前（3～4月）分株，而春季开花的植物宜在秋季落叶后（10～11月）分株，所以有"春分分牡丹，到老不开花"的说法。

2.分生育苗的方法

（1）分株育苗

分株育苗是采用分株繁殖的方法进行育苗。分株繁殖是将植物带根的株丛分割成多份的繁殖方法。操作方法简便可靠，新个体成活率高，适合易从基部产生丛生枝的园林植物。以下是几种分株繁殖方法：

第一，根叶繁殖法。

用于易生长根叶的植物，由根上不定芽产生萌生枝。分株时需注意分离的幼株必须带有根、茎和2～3个芽。幼株栽植的深度与原来保持一致，切忌将根颈部埋入土中。根据许多植物在根部受伤后或根部暴露于阳光下时易产生根蘖的生理特性，生产上常采取砍伤根部促其萌蘖的方法来增加繁殖系数。适合根蘖繁殖的植物有蜡梅、夹竹桃、紫荆、翠柳、樱桃、木绣球、结香、棣棠、麻叶绣球、丁香、蔷薇、刺槐、香椿、紫玉兰、蜀葵、蜡梅、八仙花、牡丹、文竹、春兰、万年青、芍药、玉簪、萱草等。

第二，匍匐茎繁殖法。

匍匐茎是侧枝或枝条的一种特殊变态，多年生单子叶植物茎的侧枝上的蘖枝就属于这一类。匍匐茎在禾本科、百合科、莎草科、芭蕉科、棕榈科中普遍存在。竹类、天门冬属、吉祥草、沿阶草、麦冬、万年青、蜘蛛抱蛋属、水塔花属和棕竹等常用匍匐茎分株繁殖。

第三，走茎繁殖法。

走茎是指从叶丛抽生的节间较长的花茎。在走茎的顶端及节的部位长叶、生根，可以形成小植株。繁殖时将走茎上的小植株分离下来，即成为独立个体。常见植物有虎耳草、吊兰、吊竹梅等。

第四，吸芽、珠芽繁殖法。

一些植物在根际或地上茎的叶腋间能自然萌生出短缩、肥厚、呈莲座状的短枝，这些短枝被称为吸芽。花叶万年青、芦荟、景天、石莲花、苏铁、鱼尾葵等均可用此法繁殖。球根花卉地上部分产生小的球根状吸芽，即为珠芽。百合属卷丹、沙紫百合、鳞茎百合、疏花百合等在叶腋处着生的小鳞茎，葱属大花葱、天蓝花葱、紫花葱、分葱、波斯葱等在花序上长出的小鳞茎，均为珠芽。

吸芽自然生根后，将其从母体上分割下来，即可培育成一个新的独立植株。生产上常用割伤根部促发吸芽的方法增加繁殖系数，也可将未生根的吸芽（尤其是地上茎叶腋中产生的吸芽）分离下来，再经人工培育成完整植株。同吸芽一样，珠芽落地也可自然生根，故可于珠芽成熟之际及时采收，并立即播种。采用珠芽繁殖法的植物一般需2～3年即可开花，珠芽繁殖比播种繁殖快，且能保持母本特性，繁殖系数也明显高于分球法。

（2）分球育苗

分球育苗是采用分球繁殖的方法育苗。分球繁殖是指利用具有贮藏作用的地下变态器官（或特化器官）进行繁殖的一种方法。地下变态器官种类很多，依变异来源和形状不同，可分为鳞茎、球茎、块茎、块根、根茎等。

（二）压条育苗

1.压条的时期

（1）休眠期压条

在秋季落叶后或早春发芽前，用一、二年生的成熟枝条进行压条。

（2）生长期压条

北方地区常在夏季用当年生的枝条压条，南方地区常在春秋两季用当年生的枝条压条。

2.压条的方法

（1）土中压条

土中压条的方法常用于牡丹、木槿、紫荆、锦带花、大叶黄杨、侧柏、贴梗海棠等。

第一，直立压条，又被称为培土压条。萌芽前，将母株距地面15 cm处短截，以促发分枝，待新梢长到20 cm时，进行第一次培土，培土高度约为10 cm，宽度约为25 cm；当新梢长至40 cm时，进行第二次培土，培土高度约为30 cm，宽度约为40 cm，踩实。培土前要先灌水，培土后保持湿度，一般20 d后开始生根。冬前或翌春扒开土堆，注意不要碰伤根系，把全部新生枝条从基部剪下，就成为压条苗。

第二，水平压条，又被称为开沟压条。选用母株靠近地面或部位低的枝条，剪去上部不充实部分，顺着枝条着生的方向挖放射沟，沟深2～5 cm，将枝梢水平放入并固定，覆盖少量土壤以埋没枝梢，芽萌发后再覆盖一层薄土，促进枝条黄化。

新梢长至 15～20 cm、基部半木质化时，再培土 10 cm 左右。一个月后再次培土，管理方法同直立压条。年末将基部生根的小苗自水平枝剪下即成压条苗。

第三，曲枝压条。选择靠近地面的枝梢，在其附近挖深度、宽度各为 15～20 cm 的栽植穴，栽植穴与母株的距离以枝条的中下部能在栽植穴内弯曲为宜。将枝条弯曲向下，靠在穴底，必要时用钩状物固定，并在弯曲处环剥。枝条顶部露出沟外，在枝梢弯曲部分压土填平，使枝梢埋入土的部分生根，露在地面部分生长新梢。秋末冬初将生根枝条与母株剪离。

（2）空中压条

空中压条始于我国，故又被称为中国压条，适用于大树及不易埋土的情况，多在早春萌芽前进行，也可在夏季生长季进行。此方法常用于叶子花、扶桑、龙血树、朱蕉、变叶木、白兰、茶花、木兰、桂花、杜鹃、米兰、蜡梅、栀子花、佛手、金橘等。

繁殖时将枝条进行环剥或刻伤处理，用塑料袋或竹筒等套在被刻伤处，内填沃土、苔藓或蛭石等疏松湿润物，用绳子将塑料袋或竹筒等扎紧，保持其内部湿润，30～50 d 即可生根，生根后切割分离，成为新的植株。

3.促进压条生根的方法

对于不易生根的或生根时间较长的植物，可采取技术处理以促进生根。促进压条生根的常用方法有刻痕法、切伤法、缢缚法、扭枝法、劈开法、软化法、生长刺激法、改良土壤法等。以上各种方法都是为了阻滞有机物质（糖类等）向下运输，而向上的水分和矿物质的运输则不受影响。使养分集中于处理部分，有利于不定根的形成，同时，也有刺激生长素产生的作用。

4.压条后的管理

压条后应保持土壤适当湿润，并要经常松土除草，使土壤疏松，透气良好，这样有利于生根。冬季寒冷地区应覆草，以免枝条受霜冻之害。随时检查埋入土中的枝条是否露出地面，如已露出必须重压。留在地上的枝条若生长得太长，可适当减去顶梢，如果情况良好，则尽量不要触动被压部位，以免影响生根。分离压条的时间以根的生长情况为准，必须有良好的根群才可分割。较大的枝条不可一次割断，应分 2～3 次切割。初分离的新植株应特别注意保护，及时灌水、遮阳等。不耐寒的植物应移入温室越冬。

第三节   园林植物苗木的移植与培育

在苗圃内采用苗木移植、土肥水管理、整形修剪、病虫害防治、越冬防寒等相关措施对苗木进行科学管理，能够培育出生长健壮、树形完整优美、树体规格较大，适用于园林绿化的苗木。应用大苗进行园林绿化，能够在短时间内取得良好的绿化效果，快速发挥园林植物的生态作用和景观作用。从长远发展的角度考虑，由于园林绿化使用的大苗大多数是处于幼年期的苗木，定植于园林绿地以后，经过十几年或更长时间的生长发育会表现出越来越好的景观效果。所以，在园林绿地使用大苗进行绿化，是既能达到绿化近期目的，又能兼顾长远绿化效果的重要方法。

一、园林苗木的移植

（一）园林苗木的移植目的

园林苗木移植就是把苗木从原来生长的育苗地或育苗容器中移出来，在苗圃的移植区内按照苗木生长发育特点，扩大株行距重新栽植，使苗木在新的环境中继续生长发育，实现培育合格园林绿化苗木的育苗技术。对采用播种或无性繁殖的方法培育出的植株较小、栽植密度较大的苗木进行移植，扩大了苗木的株行距，改善了苗木的生长环境（在光照和土壤等方面），扩大了苗木地上部分和地下部分的生长空间，使苗木的地上部分和地下部分在新的环境中继续生长发育，为培育苗木发达的根系和良好的树形创造适宜的生长环境，以实现培育优质园林苗木的目的。园林苗木移植的主要目的如下：

1.促进苗木的生长

在园林苗木培育的初期，无论是有性繁殖苗木还是无性繁殖苗木，苗木的树体都要经历一个从小到大的生长发育过程。苗木刚出苗时，个体较小而密度很大，在 667 m^2 的面积内，苗木数量可以达到成千上万株，甚至十几万株。随着幼苗木的生长发育，个体逐渐变大，导致拥挤，进而严重制约苗木个体的生长发育。苗木移植的目的就是通过扩大苗木的株行距，为苗木的生长发育创造适宜的生长环境，保证苗木在移植以后迅速长大。

2.培育苗木的树形

随着苗木的不断生长，苗木的株高和冠幅迅速增大与扩张，相互之间遮风挡光，造成苗木光照严重不足，营养面积缩小。如果不及时进行移植，苗木就会因拥挤而出现徒长现象，枝叶稀疏，株形变差。移植可以加大苗木的株行距，扩大单株苗木的生长空间，改善通风透光的条件，使苗木的地上部分能自由生长，树冠不断扩大。在苗木移植的过程中，还要对苗木的地上部分与根系进行适当修剪，促进侧枝和侧根的萌发与生长，抑制苗木的高生长，降低茎根比值，使苗木株形趋于丰满紧凑，最终培养出优美的树形。

3.培育苗木的根系

大多数园林苗木幼苗（尤其是实生苗）的主根比较发达，而侧根和须根数量较少，生长量也较小，导致苗木根系中的吸收根（也被称为有效根）数量不足，在移植时苗木无法携带较多的侧根和吸收根，苗木移植后不易成活。因此，在苗木移植的过程中，一般要切断苗木的主根，以刺激苗木萌发大量的侧根和须根，扩大苗木根系的吸收范围，提高苗木根系吸收水分和矿物元素的能力，促进苗木旺盛生长。这些侧根和须根都处于浅层土壤中，在出圃挖掘中，根部的土球能够携带大量的吸收根，有利于提高出圃苗木的栽植成活率。

4.控制苗木的规格

在苗木移植的过程中，通常要根据苗木的树体大小及生长状况对苗木分级，然后进行分级栽植。在同一块土地中栽植大小基本相同的苗木时，要根据苗木的大小和生长状况确定合理的栽植密度，以合理利用土地和充分满足苗木生长发育的需求。分级栽植以后进行统一管理，可以使同一地块的苗木生长均衡整齐，有利于在有效的苗圃地上培育出大量规格一致的优质大苗。

（二）园林苗木的移植时间

园林苗木的移植时间可以根据当地土壤、气候条件、树种生长特性与苗木培育工作的具体情况来确定。一般情况下，园林苗木移植多在休眠期进行，特殊情况下也可以在苗木的生长期进行移植，如常绿树种的苗木和容器栽植的苗木，都可以在生长期进行移植。

1.苗木的春季移植

春季是最适宜园林苗木移植的季节，在早春土壤解冻以后，到苗木萌芽以前进行苗木移植较为适宜。因为此时苗木处于由休眠期转入生长期的过渡期，移植极易成活。

同时，春季土壤水分含量较高，气温和地温缓慢回升，移植以后，苗木的根系随着地温的升高逐渐生长发育；苗木地上部分的树液开始流动；枝条上的芽尚未萌动或刚刚开始萌发，苗木地上部分的蒸腾作用较弱；刚开始生长的根系可以吸收土壤中的少量水分，来满足苗木地上部分生长发育对水分的需要。这样在移植后可以保持苗木体内水分代谢平衡，几乎没有缓苗期，为移植苗的成活和继续生长发育创造良好的条件。

对于不同树种的苗木来说，春季苗木移植的具体时间要根据各树种萌芽早晚来确定，一般在苗木萌芽前或萌芽时移植最好。春季萌芽较早的苗木应该先移植，而春季萌芽较晚的苗木移植时间可以靠后；落叶树种苗木可以先进行移植，而常绿树种苗木的移植时间可以靠后；规格较大的苗木可以较早进行移植，规格较小的苗木可以安排稍后进行移植。

2.苗木的夏季移植

夏季可以在多雨的时候进行常绿树种苗木移植。北方地区可以在雨季初期进行苗木移植，南方地区多在梅雨期内进行苗木移植。盛夏季节自然降水较多，空气湿度较大，此时移植苗的蒸腾量较小，且较高的地温促使移植苗的根系生长迅速，苗木移植以后容易成活。夏季移植苗木的时间，以阴天或晴天的早晨、傍晚为宜，不能在下雨天或土壤过湿时移植苗木，以免苗木移植地土壤泥泞、板结，影响苗木根系舒展，降低苗木成活率，影响苗木移植以后的生长。如果在夏季移植个体较小的苗木，移植时尽量多带根系或带全根系。落叶树种的苗木也可以在夏季进行移植。

3.苗木的秋季移植

秋季移植一般是指在苗木的地上部分进入缓慢生长期或停止生长以后进行移植。对于落叶园林植物来说，在其苗木叶开始变色，直到叶落完的一段时间内进行移植；对于常绿园林植物来说，在其苗木枝条形成顶芽以后，即在枝条缓慢生长或停止生长后进行移植。由于此时地温还比较高，苗木根系仍在继续生长，移植后有利于苗木根系的伤口愈合和恢复生长，因此，秋季移植时苗木成活率较高。一般情况下，冬季气温不是太低、发生苗木冻害和春季干旱的次数较少的地区可以选择在秋季移植苗木，而冬季严寒、干旱、多风、土壤冻结严重的地区不适合在秋季移植苗木。

4.苗木的冬季移植

我国南方地区冬季气温较高，土壤不结冻或结冻时间较短，空气湿度较大，适合移植苗木；而北方地区冬季温度较低，土壤冻结较为严重，移植苗木的工作难度较大。但冬季苗木处于休眠状态，苗木体内尚有微弱的生命活动，其外观没有明显的变化，移植以后苗木在很长的一段时间内处于休眠状态，冬季移植以后，浇一次透水就可以保证苗木在第二年顺利成活。

（三）园林苗木的移植次数

园林苗木培育的过程，也就是苗木经过多次移植不断扩大生长空间的过程，苗木在新的生长空间内继续长大。苗木移植的次数和每次移植的间隔时间，取决于该树种的生长速度和园林绿化对该树种苗木规格的要求。培育生长速度较快或规格较大的苗木时需要多次移植；反之，培育生长速度较慢或规格较小的苗木时需要减少移植次数。

一般来说，园林阔叶树种苗木在幼苗完成一个生长周期以后就可以进行移植，即苗木经过生长发育，并进入第一次休眠以后就可以进行移植。生长速度较快的苗木在移植苗区经过2～3年的培育，苗龄达3～4年即可出圃。如果培育生长速度较慢且规格较大的苗木，则需要将苗木在苗圃中进行2～3次移植才能完成培育任务。在园林绿化中，栽植的行道树、庭荫树等苗木规格一般较大，需要在苗圃中进行2次或2次以上的移植才能完成培育任务。苗木第一次移植以后，需要在培育过程中观察苗木的生长速度和株行距，待苗木生长2～3年再进行第二次移植，并扩大苗木株行距，保证苗木有充足的生长发育空间，使苗木能够继续生长，扩大树体。依此类推，可以将苗木进行第三次甚至第四次移植，经过多次移植，苗木的年龄可达5～8年甚至更长，待苗木的树体大小达到园林绿化的要求时就可以出圃销售。对于树体生长缓慢、根系不发达而且移植较难成活的树种，如椴树、银杏、白皮松、七叶树等苗木，可以在播种以后的第三年，即苗龄达到2年以后进行第一次移植，以后每隔3～5年移植一次，等苗龄达8～10年甚至更长，且苗木规格达到绿化要求时开始出圃销售。

对于采用设施栽培技术培育的扦插苗、播种苗和嫁接苗等苗木，如果苗木的栽植密度大、生长速度也较快，那么可以在一个生长季节内多次移植苗木，及时调节苗木的生长空间，以利于苗木树体健壮生长和迅速扩大。在苗木根系发育完全后，就可以进行第一次移植。在此之后，可以根据苗木生长速度及时进行移植，移植次数多，则每次移植的间隔时间相应缩短。通过在苗木生长季节多次移植，可以达到缩短苗木培育时间、提高苗木培育效益的目的。

在容器内培育苗木时，根据苗木生长状况，随时拉大容器间距、扩大苗木生长空间就可以达到移植的目的。不过，在苗木根系生长受到容器大小限制时，要及时更换较大的育苗容器或将苗木移植到苗床，以扩大苗木根系的生长空间，满足苗木根系生长发育的需要。通过及时移植苗木或更换育苗容器，可以缩短苗木培育时间，保证苗木培育质量。

（四）园林苗木的移植密度

确定园林苗木的移植密度，即确定苗木的株行距和生长空间。苗木生长空间的大小直接影响苗木的生长环境（包括光照、水分、空气、温度等环境因子），环境的变化会影响移植苗的生长速度和枝条生长方向，同时也会改变苗木的树形和枝叶密度，最终影响所培育苗木的数量和质量，决定移植苗的土地利用率和土地生产效益。因此，在园林苗木培育过程中，科学合理地确定苗木移植的密度，是高效利用苗圃育苗土地和培育优良园林绿化苗木的重要环节。

与苗木移植的密度有关的因素有移植苗的树种特性、生长发育状况，培育目标，移植地土壤、气候条件，苗木移植后的抚育管理措施，等等。确定苗木移植密度的原则，是既能满足苗木生长发育对环境空间的要求，完成苗木培育的任务，又能充分利用土地，提高土地利用率。因此，确定苗木移植密度时，应重点考虑苗木培育目的、生长速度、移植地的自然环境条件和移植以后的苗木培育年限。

1.根据苗木培育目的确定苗木的移植密度

若苗木栽植密度较大，则苗木为了获得更多的阳光照射和更大的生长空间，直立向上生长比较旺盛，而横向生长较弱，导致苗木茎干挺拔直立而冠幅较小。若苗木栽植密度较小，则苗木横向生长旺盛，直立向上生长相对较弱，导致苗木冠幅加大而树干和树冠高度相对较小。因此，若以培育树干直立、树冠紧凑的苗木为目的，就应该采用较大的移植密度，以促进苗木的纵向生长，抑制苗木横向生长。若以培育冠幅较大的苗木为目的，就应该采用较小的移植密度，以促进苗木的横向生长而减弱其纵向生长。为了培育树干直立、树形完美紧凑的落叶乔木，如国槐、栾树等，第一次移植时就要采用较大的密度，促使苗木向上生长，而在之后的移植过程中也要采用较大的密度，从而培养高大直立的树干和完美紧凑的树冠。对于常绿乔木，尤其是喜光的苗木，为了培养完整丰满的树冠，在移植时必须采用相对较小的密度，以促使苗木横向生长和纵向生长同时进行，完成树形的培养。对于极喜光的针叶树种苗木，如果移植密度过大，会造成苗木树冠的基部枝条因为光照不足而生长衰弱或死亡，严重影响苗木树形的培养。

2.根据苗木生长速度确定苗木的移植密度

在苗木移植的过程中，要根据移植苗的生长速度来确定苗木移植的密度。对于生长速度较快的苗木应采用较小的移植密度，以适应迅速长大的苗木树体对生长空间的要求；对于生长速度较慢的苗木则可以采用相对较大的移植密度，以提高土地的利用率。

3.根据移植地的自然环境条件确定苗木的移植密度

在确定移植苗的密度时也要考虑苗木栽植地的自然环境条件。在年平均温度较高、年降水量较多、光照比较充足、土层深厚肥沃的地区移植苗木，苗木的生长速度较快，应该采用较小的移植密度，也就是应该给苗木保留较大的生长空间。在年平均温度较低、年降水量较小、土壤肥力较差、太阳光照较弱的地区移植苗木时，移植后苗木的生长速度较慢，应该适当加大苗木移植密度，也就是适当减小苗木的生长空间，以充分利用土地。

4.根据苗木培育年限确定苗木的移植密度

移植苗的培育时间长短不一，苗木的移植密度也应有所不同。对于多数阔叶树种，在种子发芽完成一个生长周期以后，进行第一次移植，然后根据苗木生长速度和苗木株行距大小的变化，每隔 2～3 年移植一次。生长速度较快的速生树的苗木移植密度，比移植后的第一年苗木生长空间稍大，第二年苗木移植密度达到适宜苗木生长的密度，第三年经过枝条修剪后，苗木移植密度以仍能保证苗木继续正常生长为宜。在苗木树体生长达到出圃规格时，开始出圃销售。对于生长速度较慢的慢生树种苗木一般进行二次移植培育，移植后第一年密度稍小，第二年达到适宜苗木生长的密度，第三年和第四年苗木树体郁闭，然后把苗木进行第二次移植，再培育 2～3 年达到出圃规格，开始出圃销售。

（五）园林苗木的移植方法

在进行苗木移植工作前，要根据移植苗的树种特性、数量、树体大小、生长发育状况、培育目标等确定苗木移植的土地、密度和时间，做好苗木移植的劳动力准备、资金准备和工具准备等工作。此外，还要根据移植苗的生长发育特点和苗木移植地的具体情况，选择相应的起苗方法、运输路线和运输方法，起苗后对苗木个体进行必要的处理，在完成苗木栽植前期工作以后进行苗木栽植。苗木移植的具体工作程序包括起苗、苗木处理、苗木栽植等环节。

1.起苗

在起苗前几天要给所要移植的苗木浇水，增加苗木生长地域的土壤含水量，使土壤变得相对松软，便于起苗作业。促进苗木树体吸收土壤水分，可以增加苗木树体内水分含量，进而提高苗木移植成活率。常见的起苗方法如下：

（1）裸根起苗

大多数落叶树种的苗木和常绿树种的小苗，在苗木的休眠期均可采用裸根的方法起苗。裸根起苗时，要根据苗木生长发育的特点、树体大小和根系分布范围来确定起苗时所带苗木根系的范围，二、三年生苗木一般保留根系，直径以 30～40 cm 为佳。起苗时在苗木主干周边一定范围内开始挖掘，先将苗木根系上面的表层土壤铲除，然后在需要保留根系的水平范围以外向下挖掘，切断逐渐挖出的水平根系，再向下挖掘到所需保留根系的深度以后，由四周向内挖掘，直到切断苗木的主根，将苗木连同土壤一起挖出。苗木起出以后，要适当去除苗木根系的部分宿土，同时尽量保留苗木的根系。

（2）带宿土起苗

落叶针叶树及部分移植成活率不高的落叶阔叶树苗木须带宿土起苗，带宿土起苗时要注意保留苗木根系中心部分的土壤和根毛集中区（即吸收根大量分布的区域）的土壤，以利于提高苗木的移植成活率。带宿土起苗的方法同裸根起苗相似，只需注意在挖出苗木以后，尽量保留苗木根系所带出的土壤即可，在苗木运输和栽植的过程中也要注意保护苗木根系所带的土壤。

（3）带土球起苗

常绿树种苗木，以及采用裸根起苗方法移植不易成活的阔叶树种苗木，必须采用带土球起苗的方法进行移植。先铲除苗木根颈周围、根系上方的地表土壤，以见到苗木的须根为止。然后根据苗木的树种特性和生长状况确定所带土球的规格，一般二、三年生的小苗土球直径与苗木冠幅相同，或土球直径略大于苗木冠幅；较大的苗木所带土球直径可以是苗木干径的 8～10 倍。去掉根系上方表层土壤以后，在所要带土球的外围向下挖掘，边挖掘边包扎。一般在土球直径较小（直径在 20～30 cm 的范围内）、苗木须根较多、土球比较紧实的情况下可以不包土球。当土球直径超过 30 cm 时，就必须对土球进行包扎，可以用草绳，也可以用其他材料。土球包扎好以后，把苗木的主根切断，将带土球的苗木提出坑外。

2.苗木处理

在移植苗起苗以后，到苗木栽植以前，要先将起出的苗木按照一定的标准进行分级，再用修根、剪枝、截干、浸根、蘸浆、埋土、包裹等方法对苗木进行处理。

（1）苗木的分级

在起苗以后要进行苗木分级，即根据苗木树体大小和生长状况，将起出的苗木分为不同的等级。一般是按照苗木的主干直径和高度进行分级，将树体大小和生长状况相同或相近的苗木作为同一等级。在分级的过程中，也可以将感染病虫害的苗木或残次苗拣出。苗木分级以后，要将大小规格不同的苗木安排到不同的移植区进行栽植，把相同规格的苗木移植到同一地块进行栽植，使移植苗生长均匀，尽量减少苗木分化现象，以利于在同一地块采用相同的栽培管理措施，最终培育出规格基本相同的苗木。

（2）苗木的修根

裸根苗起苗后须剪短过长根，剪去根系损伤、劈裂的部分，剪齐根系伤口，保留一定长度的根系，一般小苗的根保留 15～20 cm 长，大规格的苗木可适当保留较长的根。对于深根性苗木，如果苗木主根过长则可将主根剪短，以刺激苗木主根在移植以后生长出更多的侧根和须根，同时也便于苗木移植操作，最终使苗木长出丰满紧凑的根系。带土球的苗木要将土球以外露出的较大根系的伤口剪齐，将过长的根剪短。

（3）苗木的剪枝

起苗后，应根据树种特性和苗木生长情况，对苗木的地上部分进行适当修剪，以减少苗木地上部分的枝叶数量，缩小苗木地上部分蒸腾作用的面积，调节苗木根系吸收水分与苗木地上部分蒸腾水分的平衡，提高苗木移植存活率。同时也可以适当调节苗木的树形。对于萌芽力较强的树种苗木，可将苗木地上部分的枝条进行短截、回缩或疏枝，甚至可以将苗木的主干进行截干或平茬，以利于移植后培育完整丰满的树冠。对于生长速度较慢、萌芽力较弱、单轴分枝的针叶树苗木，要保护好中心干的顶芽，尽量保留苗木的枝叶，及时将苗木树冠内的病虫枝、枯死枝、伤残枝剪去，保证苗木移植后能正常生长发育。

（4）苗木的运输

在苗木移植的过程中，一般要进行苗木运输，苗木运输的距离和时间随着苗木移植地的情况不同而各不相同。在苗木运输的过程中需要注意的是保护苗木树体不受损伤和防止苗木水分散失。在移植地较远的情况下要让苗木根系蘸泥浆、埋在湿锯末中，或将苗木的根系泡入水中运输。一般在早晨、下午和晚上运输较好。移植地较近时，可以采用一边起苗一边分级、包装、运输和移植的方法，以缩短苗木移植时间，提高苗木移植成活率。

（5）苗木的根系处理

苗木修根和剪枝以后最好马上进行栽植。如果不能马上栽植，可以把裸根苗的根系浸入水中或埋入湿土中保存。对于带土球苗，可以用湿草帘覆盖土球或用土堆围住土球进行保存。栽植前裸根苗的根系可用生根粉或生根宝等激素类和营养类物质进行处理，以提高苗木移植成活率。

3.苗木栽植

苗木栽植方法应根据移植苗的种类、树体大小、生长状况，以及苗圃地的土壤情况来确定，所选用的栽植方法应有利于缩短移植苗的缓苗期和促进苗木的快速生长。常用的栽植方法可以分为以下几种：

（1）穴植法

穴植法适用于栽植规格较大的苗木、带土球移植的苗木和根系比较发达的苗木。移植时按照能够满足苗木生长发育所需的株行距进行定点挖穴，栽植穴的宽度和深度应大于苗木根系的宽度和深度，栽植时埋土的深度以刚好将苗木的根系埋入土壤中，或埋土深度与苗木原来埋土深度一致为佳。栽植前先将适量的表土与农家肥混匀填入栽植穴底部，回填的深度要根据苗木根系的高度来确定，以使最后埋土的深度符合要求。将苗木放入栽植穴内，要求苗木在栽植穴的中心，树体直立，根系舒展，用疏松的土壤覆盖苗木的根系。如果栽植的是裸根苗，就可以将苗木轻轻向上提 3～5 cm，以使苗木根系更加舒展，根系和土壤接触更紧密。提苗以后需要埋土，将苗木根系全部埋入土中，埋土到适宜位置后将土壤踩实，最后整平地面。栽植带土球苗木时，要将土球外面的包扎物全部拆除，使根系完全接触土壤。

采用挖穴的方法栽植，苗木成活率较高并能够较快恢复生长，但成本较高，工作效率较低。在条件允许的情况下，采用挖坑机挖坑栽植可以大大提高苗木移植工作效率。

（2）缝植法

缝植法适用于移植较小的苗木，或主根较长而侧根不太多的苗木。移植时按设计好的株行距开缝，将苗木按照一定的距离间隔放入缝中，要求苗木根系舒展而树体直立，放入苗木以后将土壤踩实。

采用缝植法移植苗木时工作效率较高，但移植苗的生长发育较差，因此一般不采用缝植法移植较大的苗木。

（3）孔植法

孔植法适用于移植根系较小的幼小苗木或刚培育出根系的芽苗。在平整好的苗床上按照一定的株行距打孔，孔的直径和深度根据苗木根系的大小和深度来确定，打孔以后将苗木的根系小心插入孔内，然后埋土压实，埋土的深度以埋没根系为佳，不能太浅或太深。栽好苗木以后马上浇水，最好采用喷灌或滴灌的方法，每次浇水都要浇透。

（4）沟植法

开沟栽植的方法适用于根系较发达的小苗。移植时按设计好的行距开沟，沟的深度要根据苗木根系的大小来确定，开沟后将苗木按照适宜的株距放入沟内，要求苗木根系舒展、树体直立，然后覆土踩实。

在苗木移植的过程中，不管采用什么样的栽植方法，都要求做到苗木树体直立、根系舒展、埋土深度适宜，以及根系不能露出地面且不能蜷曲。在苗木栽植的过程中不要损伤枝芽，覆土以后要踩实，使根土密接。栽植以后要马上浇水，以保证苗木生长的土壤有足够的水分供应，提高苗木栽植存活率，促进苗木尽快恢复生长，缩短苗木的缓苗期。移植工作完成以后，要求苗木的株间距离基本一致、行列整齐、床面平整，以便于后期管理。

（六）园林苗木移植后的管理

为了保证苗木移植以后能够成活，缩短苗木的缓苗期，促进苗木尽快恢复生长，在苗木移植以后，应该做好水分管理、扶正苗木、调节光照、中耕除草、病虫害防治等几个方面的管理工作。

（1）灌水和排水

在苗木移植以后及时灌水和足量灌水是保证苗木移植成活的关键措施。苗木移植后要立即灌水，以连续灌 3 次水为好。一般要求在苗木移植工作完成以后马上灌水，移植苗的第一次灌水一定要浇透，浇透的标准是浇到移植苗床水不下渗，且坑内或沟内灌满水为止；第一次灌水后隔 2～3 d 灌第二次水；第二次灌水后隔 4～5 d 灌第三次水。在苗木生产上，把这三次灌水称为"连三水"。移植苗完成三次灌水以后，需要根据天气降水情况和苗木生长情况确定灌水时间，及时进行灌水。但是苗木灌水也不能太频繁，灌水过多会造成地温偏低和土壤空气含量不足，不利于苗木根系正常生长，影响苗木生长发育。移植苗的灌水一般在早晨或傍晚进行。

移植苗的排水也是苗木水分管理工作的重要内容。在雨季来临之前，应全面修整和清理移植苗区的排水系统，便于在雨季大量降水的情况下能够及时排水，保证苗木不受降水的影响而能够正常生长发育。在雨后，应及时清理排水沟，修整被降水损毁的苗床。

（2）扶正苗木移植

灌水或降水以后，如果发现苗木根系外露或苗木倒伏，应及时将苗木扶正，并将苗木根系埋土踩实。如果不及时处理会影响苗木正常生长发育，或导致苗木死亡。如果灌水、降水或其他生产活动造成苗床出现坑洼或损毁，应及时修整苗床。

（3）调节光照

在北方气候干旱的地区，空气湿度偏低，对移植小苗（尤其是常绿树种小苗的移植苗）生长发育极为不利。为了提高苗木的移植成活率，缩短移植苗的缓苗期，可以根据气候情况加设遮阳网，从而减少光照和苗木水分蒸发量。例如，对于用"全光雾插"法生产的小苗，出床栽植时必须采用加设遮阳网，降低光照度的措施来保护苗木。在确定移植苗经过缓苗期成活以后，要在适宜的时间掀去遮阳网，以保证苗木生长发育所需的光照。

（4）中耕除草

苗木移植后，灌溉或降水会造成土壤板结、通气不良，同时也会造成大量杂草生长，影响苗木根系生长。因此，在苗木移植以后应及时中耕松土除草，以促使移植苗健康生长发育。在中耕松土除草时，应注意保护苗木根系，在苗木根系附近中耕深度宜浅，以免损伤苗根。中耕松土除草能够为苗木根系创造良好条件，促进苗木正常生长发育。

（5）病虫害防治

在移植的过程中，若移植苗的根系受到损伤，苗木的生长势会减弱，抵抗病虫害的能力也会下降，很容易受到病虫危害。因此，在苗木移植的过程中要充分考虑到病虫害对苗木的危害，必须在苗木移植前采取措施预防病虫害。在苗木移植以后要加强田间抚育管理，促使苗木生长健壮，提高苗木抵抗病虫害的能力，减少病虫害的发生。在发生病虫害以后要采取有效措施，控制和消灭病虫，以保证苗木健康生长。

二、大规格苗木的培育

为了培育适合园林绿化的树形优美的大规格苗木，园林苗木移植以后除了应采取土肥水管理、光照管理、中耕除草、防治病虫害等措施，还要有针对性地对各类园林苗木进行适当的整形修剪，使经过培育的不同种类的园林苗木具有与其树种特性相适应的完整、优美的树形，满足园林绿化对不同树种苗木树形的要求。同时，适当的整形修剪还可以调节、控制苗木的生长速度，使其健壮生长，尽快达到园林绿化的要求。

（一）行道树大苗的培育

行道树一般栽植在道路两侧或道路中央，是能够发挥较强的生态作用和景观作用的高大乔木。行道树的苗木要求具有高大通直的主干、高大优美的树形和完整丰满的树冠，同时还要求具有较大的枝叶密度，这样才能充分发挥行道树的景观作用和生态作用。行道树的苗木一般要求树冠高大、丰满、紧凑，主干通直，干高在 2.5～3.5 m，枝条和叶片密度较大且分布均匀，冠幅较大，遮阳效果较好。有的树种作为行道树还能够在春季或夏季开出美丽的花朵，在秋季展示特别的叶色，更加增强景观效果。基于道路绿化对苗木的要求，行道树苗木培育的关键是培养具有一定高度的通直的主干和高大、丰满且完整的树冠。

1.行道树主干的培育

根据行道树不同的树形要求，主要有以下四种培育方法：

（1）截干法

大多数干性较弱、萌芽力较强而生长较慢的树种，如国槐、合欢、栾树等，在生长的第二年会萌发数量较多的新梢，而在萌发的新梢中几乎没有合适的主干延长枝，如果任苗木自然生长，那么培养出的苗木主干矮小且弯曲。这些树种可以采用截干或平茬的方法培养通直和高大的主干。具体的做法如下：

在苗木的第一个生长季结束以后，即从第一年秋季落叶后到第二年春季萌芽前，将苗木进行移植，移植以后不修剪苗木地上部分的枝条，在生长季节加强肥水管理，促进苗木地上部分和根系的生长，最后培养出较为发达的苗木根系。在第三年春季萌芽前，将苗木的地上部分在树干基部靠近地面的位置整齐截断，促使苗木主干基部休眠芽产生多个新梢，然后从产生的新梢中选择一个直立强壮的新梢作为苗木的主干，其余新梢从基部除去。在生长季节加强土肥水管理和中耕除草，促进新的主干快速生长。新的主干在一年之内就可以达到所需高度。在培养主干的过程中，要对主干上生出的枝条进行适当修剪，对主干上出现的竞争枝应剪短或疏除，以便形成高大通直的主干。

（2）短截法

干性较弱而一年生枝条前端芽质量较差，且生长速度较慢的树种，如刺槐、元宝枫等。一年生苗木主干上部芽质量较差,因此可以在春季萌芽前将苗木主干前端 20～30 cm 的部分截短除去,在剪口下方选留比较饱满的芽作为剪口芽。萌芽以后及时将剪口芽下方苗高 10 cm 以内的萌芽抹除,选择剪口芽萌发产生的枝条作为主干的延长枝,对主干延长枝外出现的竞争枝应剪短或适当疏除,从而培养成通直、健壮且达到一定高度的苗木主干。

（3）自然养干法

干性较强、萌芽力较强且顶芽质量较好的树种,如杨树、银杏、白蜡树、悬铃木等,苗木主干顶芽产生的枝条生长健壮,而侧芽产生的枝条生长较弱,一般不会出现与主干延长枝生长势相当的竞争枝。这样的树种培养苗木主干较为容易,适宜采用顺其自然的方法培养苗木主干。具体的做法是在苗木移植以后不修剪主干,只在萌芽时或萌芽后对处于树干下方的萌芽或新梢进行抹芽或除萌,以保持通直的主干。在秋季苗木停止生长以后,疏去主干下部的分枝,保持适宜的主干高度。一次疏枝不宜太多,可逐年多次疏除主干分枝,以保持苗木的正常生长速度。经过多次的疏枝培养,不断提高苗木主干高度,以达到行道树所需的主干高度。

（4）密植法

在苗木移植时,根据树种对太阳光照的要求,适当缩小苗木的株行距进行密植,利用苗木生长的趋光性,加快苗木主干高度的生长,抑制苗木冠幅的生长,即苗木的横向生长,以培养出通直的苗木主干。有的树种采用密植法与截干法相结合的方法培育主干,这样效果更好,但应注意加强苗木生长季节的土肥水管理工作。

2.行道树树冠的培育

行道树树冠是行道树景观效果的呈现方式之一,其树冠的培育在行道树培育过程中非常重要。

（1）自然法培育树冠

对于干性较强,即苗木的中心干较明显且保持时间较长的树种,如杨树、银杏、白蜡树、榉树等,一般以自然式树形为宜,苗木的树冠不需要进行太多的整形修剪,只是在出现较强的竞争枝而产生双中心干的情况下,及时将中心干延长头的竞争枝从基部疏除即可。同时,为了培育丰满、完整、枝叶分布均匀的树冠,可以及时疏除树冠内的过密枝、病虫枝、伤残枝及枯死枝,保持树冠枝条分布均匀和较大的枝叶密度,以利于发挥较强的生态作用,呈现良好的景观效果。

（2）修剪法培育树冠

对于干性较弱（即中心干不明显）的树种，如国槐、馒头柳、元宝枫等，在苗木主干生长到行道树所需的高度以后进行短截定干，在短截以后的主干上部，从萌发的新梢中选留3～5个适宜的位置，将新梢作为主枝进行培育，使选留的枝条向四周呈放射状生长，其余新梢从基部疏除。经过一个生长季以后，将选留的主枝在30～50 cm处短截，促使各主枝在萌芽以后进行第二次分枝（长出侧枝），对发出的侧枝也可以用修剪主枝的方法进行处理。采用以上方法培育几年，就可以形成完整的、紧凑的行道树树冠。

3.针叶行道树的培育

针叶树木一般萌芽力较弱且生长较为缓慢，园林苗圃培养的针叶树苗木一般以全冠树形为主，即保留苗木生长出的全部分枝，使苗木呈现自然的树形；少数针叶树苗木采用具有主干的树形，一般保留50～60 cm高的主干。松科树木，如油松、樟子松等，顶端优势较明显，树冠下方容易形成一定高度的主干。培育此类园林植物大苗时，不宜过多修剪，但特别要注意保护好中心干的顶芽，如果中心干的顶芽缺损，将导致树木不再长高。对于树冠内出现的枯死枝、残缺枝和病虫枝，要及时剪除。轮生枝过密时，也可适当进行疏除，每轮留3～5个主枝，使保留的主枝均匀分布在中心干周围。

在整个培育过程中都要注意保持苗木中心干的优势地位，直到苗木出圃。桧柏类苗木树冠内极易形成徒长枝，与中心干竞争成为双中心干型苗木，在树冠内产生的徒长枝要及时疏除，保持中心干的优势地位。树冠内出现侧生的竞争枝时，应逐年采用修剪的方法调整中心干与主侧枝的关系，对竞争力较强的主侧枝采用短截的方法进行修剪，削弱其生长势，以保持中心干的生长势。此外，柏树类苗木还可以通过修剪出各种几何造型和模仿动物造型，提高苗木观赏价值。

单轴分枝的针叶树苗木中心干的顶芽受到损伤以后就不能继续长高，因此，在顶芽受损的情况下，应及时选择一个位置较好的侧枝作为中心干的延长头进行培养，使苗木的中心干继续生长。

（二）庭荫树大苗的培育

庭荫树是栽植在开阔的庭院中供人们观赏树形和枝叶花果的高大乔木，具有一定高度的主干和较大的冠幅，遮阳效果较好。庭荫树树冠下有足够的空间可以满足人们遮阳、纳凉和休憩的需求。庭荫树的主干高度没有固定的要求，只要不影响人们在树冠下的活动即可。庭荫树的主干也不一定要求笔直，有时弯曲的树干更能表现树木的苍劲和古拙。

庭荫树的树冠要求冠幅较大，枝叶较密，有较好的遮阳效果。

因此，在培育庭荫树时要选择适宜的树种，即选择树干粗壮高大、树冠宽广、枝叶密度大、枝叶花果具有特色、病虫害较少且无污染、无异味、无毒的树种。在苗圃地培育庭荫树时，苗木株行距要大，确保苗木的树冠能够快速向四周生长，同时，在苗木生长的过程中，应逐年修剪主干上位置靠下的主枝，逐渐培育出具有一定高度的主干。及时疏除树冠内的徒长枝、过密枝、病虫枝和枯死枝，不断调节苗木树冠的枝叶密度，培育宽阔浓密的具有较好遮阳效果的树冠。

（三）花灌木大苗的培育

在园林绿化中常用的花灌木种类很多，应根据树种特性及园林绿化的要求，采用不同的整形修剪方法，培育不同种类花灌木的树形。常用的花灌木树形培育方法有以下两种：

1.单干式树形的培育

单干式树形的培育是指将栽植在园林绿地中用于观花、观叶、观树形的小乔木树种培育成单干式树形。无论是播种苗、扦插苗，还是嫁接苗，在经过第一年的精心培育以后，苗木的高度一般可达 60～100 cm。在第二年进行苗木移植后，要加强土肥水管理，促进苗木健壮生长，待苗木的主干达到要求的高度以后，可以在生长季节或冬季休眠期按花灌木的主干高度要求进行定干。花灌木的主干高度要根据具体树种特性而定，一般来说，碧桃、紫叶桃等观花小乔木的树形多为低干式，主干高度为 0.5～1 m；紫叶李、黄栌、紫薇的树形多为中干式，主干高度为 1.5～2 m。定干的高度要比预定主干高度高出 10～20 cm，作为整形带。待定干剪口以下的芽萌发以后，选择整形带内长势均匀、角度合适的 3～5 个新梢作为苗木的主枝进行培育，其余新梢全部疏除。在生长季节要注意平衡各主枝的生长势。在冬季进行休眠期修剪时，将主枝留 30 cm 再进行短截，促使主枝上发出分枝，然后要把分枝作为侧枝，最终培育成单干式圆头形树冠。对于碧桃等极喜光的园林植物，也可以将苗木的中心干剪去，培育成单干式开心形树冠的花灌木。

2.多干式树形的培育

在园林中用于观赏的花灌木种类很多，如丁香、连翘、迎春、珍珠梅、锦带花、玫瑰、棣棠、蜡梅、牡丹、杜鹃、太平花、金银木、贴梗海棠等，一般将这类花灌木树种培育成多干式树形用于园林绿化。

具体的培育方法：在一年生苗木移植时，在苗木的主干基部留 3～5 个芽，其余剪去，使苗木主干在近地表处萌发 3～5 个骨干枝，在生长季节或秋季休眠以后将枝条留 30 cm 短截，促使主枝在当年长出二次枝（作为侧枝）或在翌年春季长出侧枝，对长出的侧枝采用相同的方法进行处理，就可以将不同种类的树种培育成多干式花灌木。

在培养花灌木的过程中，为了节约苗木树体养分，促进花灌木快速成型，可及时将苗木的花或果实剪去，促进苗木快速生长。对于生长速度较快的苗木，可以采用夏季摘心或剪梢的方法进行培育。在夏季将达到一定长度的苗木新梢及时摘心或剪梢，刺激苗木长出二次枝或三次枝，以缩短苗木培育周期，尽快使苗木达到花灌木出圃规格。

此外，为了达到花灌木的独特观赏效果，有时将花灌木培养成单干式树形，如单干紫薇、木槿、连翘、丁香等，这样做还可以大大提高苗木的经济价值。

（四）垂枝树大苗的培育

在园林绿化中常常会用到垂枝类苗木，如龙爪槐、垂枝榆、垂枝樱桃等，垂枝类苗木出圃时要求具有一定高度的通直的主干和圆满匀称的树冠。以下是垂枝树大苗培育的过程：

1.砧木培育

垂枝类树种都是常见树种的变种，如龙爪槐是国槐的变种，垂枝榆是白榆的变种等。在繁殖培育垂枝类苗木的时候，必须先培育垂枝树种的母树树种苗木，将其作为砧木，而将垂枝类园林植物的枝条作为接穗进行嫁接育苗。培育的砧木苗主干生长到一定粗度（直径达 3 cm 以上）和高度后，才能进行嫁接。砧木苗培育的方法与行道树苗木培育的方法相同。

2.嫁接

垂枝类树种苗木一般以垂枝类园林植物的枝条为接穗进行嫁接，具体方法有插皮接、劈接、切接等，其中，插皮接的方法运用最多。有时为了培养多层冠形的垂枝类苗木，也可采用腹接法进行嫁接育苗。垂枝类苗木嫁接一般在砧木苗萌芽时进行，嫁接使用的接穗要提前剪好保存，不能提前萌芽，否则嫁接成活率得不到保证。嫁接时按照垂枝苗木要求的主干高度将砧木苗主干整齐截断，在砧木主干截面上嫁接垂枝园林植物的枝条。良好的嫁接过程需要操作人员技术熟练，工具清洁锋利，接穗质量好，嫁接后需要捆紧包好。每棵树嫁接 3～5 个接穗为佳，接穗的数量也可以根据砧木的粗度适当增加或减少。

3.树冠培养

垂枝类苗木嫁接成活以后，接穗萌芽并长出垂枝类型的枝条。为了培养圆满匀称的垂枝型树冠，必须对所有新生的下垂枝进行修剪。待嫁接成功以后选择位置适合的 3～5 个新生枝条作为树冠的主枝，即树冠的骨干枝，骨干枝需要均匀地向树冠四周扩展。修剪时在各主枝上选留向上、向外的饱满芽作为剪口芽，促使骨干枝上的芽萌发后，抽枝向树冠外围生长。骨干枝上的芽萌发后，如果向下生长，该萌枝应及时疏除，以促进向上生长的新梢的生长。在苗木生长发育的过程中要及时把树冠内的细弱枝、病虫枝、直立枝、重叠枝等剪去。在生长季节，如果新梢的长度达到剪留长度，也可以将新梢的前端部分及时剪去，刺激新梢上的芽萌发并产生二次枝，以利于加快培育树形。在苗木休眠期将一年生枝按照要求进行短截，促使第二年生长出新梢。采用以上修剪方法，连续几年之后，就可以培育出合格的垂枝型苗木。

三、圆球形苗木的培育

在园林绿化的过程中经常会用到圆球形苗木，培育圆球形苗木的关键是选择生长速度快、枝叶密度大、耐修剪的树种进行培育。培育圆球形苗木的主要方法是在生长季节多次进行摘心或剪梢，刺激新梢上的芽萌发产生二次枝、三次枝等。

培育圆球形苗木的具体方法如下：

在苗木生长达到一定高度后定干，等主干上发出的枝条达到一定长度（20～30 cm）后进行摘心或剪梢，保留主枝上生长出的分枝约 20～25 cm，再进行摘心或剪梢。特别是在夏季，苗木生长旺季，必须按照以上方法，坚持对苗木的新梢进行连续修剪。通过每年多次精心地整形修剪和科学的土肥水管理，2～3 年就可以培育出合格的圆球形苗木。对于生长较慢的园林植物，要更长的时间才能培育出圆球形苗木。

对于树形不太规则的苗木，可以在休眠期进行较重地修剪和大幅度调整树形，以接近或达到圆球形。在圆球体逐年增大的过程中，要剪去徒长枝、病虫枝、枯死枝和畸形枝。苗木成形以后，每年在生长期进行 2～3 次修剪以促使球面密生枝叶，保持理想的树形。大叶黄杨球、小叶黄杨球、桃叶卫矛球、小叶女贞球、龙柏球、桧柏球等圆球形苗木都是运用以上方法培育而成的。

四、绿篱苗木的培育

绿篱苗木栽植密度较大，因此绿篱苗木要选择比较耐阴的树种，同时生长速度不能太快，否则会加大栽植以后的修剪工作量。绿篱苗木的培育目标是没有主干或主干较低、树冠冠幅较小、侧枝分布均匀、侧枝密度较大的苗木。

培育中篱和矮篱苗木时，不管是播种繁殖，还是扦插繁殖的苗木，都要在苗木高度达 20～30 cm 时，剪去苗木主干顶梢，促进主干萌芽、产生侧枝，使其快速生长。当侧枝生长到 10～15 cm 时，再次剪梢，促进次级侧枝萌发生长。经过连续 1～2 年的培养，就可以使苗木上下侧枝密集。高篱苗木也可以采用上述方法进行培育，或者任其自然生长，对苗木的侧枝进行多次短截，促进侧枝高密度生长，最终培育出适合栽植高篱的苗木。

五、藤本苗木的培育

在园林绿化中经常会用到地锦、紫藤、南蛇藤、凌霄、葡萄等藤本苗木，藤本苗木不能直立生长，只能采用吸附、攀缘、缠绕等方式，依靠别的物体向上生长，因此藤本苗木一般作为立体绿化苗木使用。培育藤本苗木的主要目的是培养发达的根系及主干。

藤本苗木的具体培育方法如下：

春季移植藤本苗木后，需要在近地面处将苗木的主干截断，以刺激苗木萌发较多侧枝，从萌发的侧枝中选留 2～3 条生长健壮的枝条，将其培养为主蔓。对于枝条上较早出现的花芽要及时剪去，以节约树体养分、促进主蔓快速生长。同时，在移植以后第一个生长季节就要设立支架固定植株，使其向上攀缘生长，并适当修剪，调节枝叶密度，培育出适合进行棚架绿化、墙壁绿化和立柱绿化的藤本苗木

第四章　园林植物栽培管理技术

第一节　园林植物的露地栽培

一、一年生与二年生草本园林植物的露地栽培

（一）矮牵牛

矮牵牛，别名为碧冬茄、撞羽朝颜，茄科，矮牵牛属，多年生草本植物。原产于南美，现世界各地均有栽培。矮牵牛分枝多，植株矮小、饱满，开花多，花大，色艳，花期长，在气候温凉地区可终年开花。矮牵牛是园林绿化、美化的重要草花，适宜花坛、花境栽培，在北方主要作为春夏季节盆栽花卉。大花重瓣品种可用来做切花。

矮牵牛株高 15～45 cm。茎直立，多分枝，茎秆绿色，全株上下都有黏毛。叶互生，上部嫩叶略对生，卵形，长 3.5～5 cm，宽 2～3.5 cm，全缘，近无柄。花单生叶腋及顶生。花朵硕大，花冠呈漏斗状。花瓣变化多，有单瓣、半重瓣，瓣边呈皱波状，色彩丰富，有紫红色、鲜红色具白色条纹、淡蓝色具浓红色脉条、桃红色、纯白色、桃红色具白色斑纹、肉色等，杂交种还具有香味，花期 4～10 月底。种子细小，银灰色至黑褐色。

矮牵牛的生长适宜温度为 13～18℃，对温度的适应性较强，冬季能经受-2℃低温，在夏季气温高达 35℃时，矮牵牛仍能正常生长。矮牵牛喜干怕湿，在生长过程中，需要充足的水分。矮牵牛属长日照植物，生长期要求阳光充足。大部分矮牵牛品种在正常阳光下，从播种至开花需 100 d 左右；如果光照不足或阴雨天过多，则开花延迟 10～15 d，而且开花少。培育矮牵牛宜用疏松、肥沃和排水良好的微酸性沙质壤土。

矮牵牛可采用播种、扦插繁殖的育苗方法。种子细小，故播种前应将种子与细沙充

分混合，均匀地撒播在育秧床上，用细水壶或浸水法浇水。为保持种子湿润，播种后可加盖薄膜，出芽后去除。种子在20～22℃条件下10～12 d发芽。

北方地区由于春季短，宜作秋播，使早春至初夏开花不断。冬春季节进行扦插繁殖，取6～8 cm长的嫩枝，剪去下部叶片，插入疏松而排水好的粗沙或蛭石中，在20～23℃的条件下约经2周生根；若用0.001%的吲哚丁酸浸泡插穗下部1 d，再进行插苗，效果会更好。

在南方地区栽培矮牵牛，适宜期为9月至翌年7月。幼苗期应注意土壤湿度，严禁干旱或积水；加强光照，温度以9～13℃为宜。当幼苗长出1～2片真叶时，及时间苗；出现4～5片真叶时，可移入营养钵或花盆种植。矮牵牛根系分枝多而细，移苗时，注意勿使土团散碎。在株高为4 cm时摘心，以促发枝条，或喷施矮壮素矮化植株。

矮牵牛生长期忌肥料过多，否则会出现植株生长过旺而花朵不多的情况。夏季高温时，应在早、晚浇水，保持盆土湿润。梅雨季雨水多，对矮牵牛生长十分不利，盆土过湿，茎叶容易徒长。花期雨水多，花朵褪色，易腐烂，若遇阵雨，花瓣容易撕裂。例如，盆内长期积水，往往根部腐烂，整株矮牵牛萎蔫死亡。须经常修剪整枝，控制株型并促进植株多开花。

矮牵牛的主要病虫害有矮牵牛花叶病、青枯病和蚜虫、吹棉蚧等。

（二）彩叶草

彩叶草的别名是五色草、洋紫苏、锦紫苏。彩叶草为唇形科，彩叶草属，多年生草本植物，原产于爪哇。彩叶草的老株可长成亚灌木状，但株形难看，观赏价值低，故多作一、二年生栽培。彩叶草是应用较广的观叶花卉，不仅可作小型观叶盆栽花卉陈设，还可配置图案花坛，或作为花篮、花束的配叶使用。

彩叶草的株高50～80 cm，栽培苗多控制在30 cm以下，全株有毛，茎为四棱，基部木质化，单叶对生，卵圆形，先端长渐尖，缘有钝齿牙，叶可长至15 cm，叶面绿色，有淡黄、桃红、朱红、紫等色彩鲜艳的斑纹。彩叶草为顶生总状花序，花小，呈浅蓝色或浅紫色。彩叶草的果实为褐色小坚果，平滑有光泽。彩叶草性喜温，不耐寒，越冬气温不宜低于5℃，生长适宜温度为20～25℃，喜爱阳光充足的环境，但又能耐半阴。彩叶草宜栽于疏松肥沃、排水良好的土壤。

彩叶草的变种有五色彩叶草，叶片有淡黄、桃红、朱红、暗红等色斑纹。彩叶草的叶型变化如下：

第一，黄绿叶型。叶小，黄绿色，矮性分枝多。

第二，皱边型。叶缘裂而波皱。

第三，大叶型。大型卵圆形叶，植株高大，分枝少，叶面凹凸不平。

彩叶草常用播种和扦插两种方法。播种通常在3～4月进行，在有高温温室的条件下，四季均可盆播，发芽适宜温度为25～30℃，10 d左右发芽。出苗后间苗1～2次，再分苗上盆。播种的小苗叶面色彩各异，可择优汰劣。扦插一年四季均可进行，极易成活。也可结合植株摘心和修剪进行嫩枝扦插，截取饱满的枝条。截取10 cm左右的枝条，把枝条插入干净的河沙中，入土部分必须常有叶节生根，扦插后在疏荫下养护，保持盆土湿润。温度较高时，生根较快，期间切忌盆土过湿，以免烂根。15 d左右即可生根成活。也可水插，用晾凉的半杯白开水即可。插穗选取饱满的枝条中上部2～3节，去掉下部叶片，置于水中，待白色水根长至5～10 mm时即可栽入盆中。

彩叶草培养土宜选用富含腐殖质、排水良好的沙质壤土，施以骨粉或复合肥作基肥，在生长期每隔10～15 d施一次有机液肥（盛夏时节停止施用）。施肥时，切忌将肥水洒至叶面，以免叶片灼伤腐烂。彩叶草喜光，过阴的条件易导致叶面颜色变浅，植株生长细弱。除保持盆土湿润外，应经常用清水喷洒叶面，冲除叶面上的尘土，保持叶片色彩鲜艳。幼苗期应多次摘心，以促发侧枝，使之株形饱满。彩叶草生长适宜温度为20℃左右，寒露前后移至室内，冬季室温不宜低于10℃，此时浇水应做到"见干见湿"，保持盆土湿润即可，否则易烂根。在不采收种子的情况下，宜在花穗形成的初期将其摘除，因为抽穗以后株姿大多松散失态，降低观赏效果。10月初，可采用重剪的方法更新老株，同时，结合翻盆进行换土。

（三）四季秋海棠

四季秋海棠，别名为瓜子海棠、玻璃海棠、蚬肉秋海棠，原产于巴西低纬度高海拔地区林下，现于我国各地均有栽培。四季秋海棠为秋海棠科，秋海棠属，多年生常绿草本植物，茎直立，稍肉质，高25～40 cm，有发达的须根；叶卵圆至广卵圆形，基部斜生，绿色或紫红色；雌雄同株异花，聚伞花序腋生，花色有红色、粉红色和白色等，单瓣或重瓣，品种甚多；喜阳光，稍耐阴，怕寒冷，喜温暖、稍阴湿的环境和湿润的土壤，但怕热及水涝，夏季注意遮阳，通风排水。

四季秋海棠是良好的盆栽室内花卉，开花茂密，体形较小，适于美化室内，近年来人们将四季秋海棠用于庭园、花坛等室外栽培。四季秋海棠花期长，花色多，变化丰富，花叶俱美，易与其他花坛植物配植，越来越受到人们的欢迎。

四季秋海棠的播种时间一般在早春或秋季气温不太高时。由于种子细小，播种工作要求细致。播种前先将盆土高温消毒，然后将种子均匀撒入，压平，再将盆浸入水中，由盆底透水将盆土湿润。在 20℃ 的条件下 7～10 d 发芽。待出现 2 片真叶时，及时间苗；出现 4 片真叶时，将多棵幼苗分别移植在盆口直径为 6 cm 的盆内。春季播种，冬季可开花；秋季播种，翌年 3～4 月开花。

四季秋海棠可用播种法、扦插法和分株法繁殖。扦插法是最适宜四季秋海棠重瓣优良品种的繁殖方法，四季均可进行扦插，但以春秋两季为最好。夏季高温多湿，插穗容易腐烂，成活率低。插穗宜选择基部生长健壮枝的顶端嫩枝，长 8～10 cm。扦插时，将大部叶片摘去，插入清洁的沙盆中，保持湿润，并注意遮阳，15～20 d 即生根。生根后早晚可让其接受阳光的照射，根长至 2～3 cm 时，即可上盆培养。也可以在春秋季节气温不太高的时候，截取嫩枝 8～10 cm，将基部浸在洁净的清水中生根，发根后再在盆中栽植养护。

四季秋海棠的分株繁殖宜在春季换盆时进行，将一植株的根分成几份，切口处涂上草木灰（以防伤口腐烂），然后分别定植在施足基肥的花盆中，植后不宜多浇水。

水肥管理是养好四季秋海棠的关键。浇水工作的要求是"二多二少"，即春秋季节是四季秋海棠的生长期，水分要适当多一些，盆土稍微湿润一些；夏冬季节是四季秋海棠的半休眠或休眠期，水分可以少些，盆土稍干些。浇水的时间在不同的季节也要注意，冬季浇水在中午前后阳光下进行，夏季浇水最好是在早晨或傍晚，这样气温和盆土的温差较小，对植株的生长有利。浇水的原则为"不干不浇，干则浇透"。在四季秋海棠的生长期，每隔 10～15 d 施一次腐熟发酵过的 20% 豆饼水，菜籽饼水，鸡、鸽粪水或人粪尿液肥即可。施肥时，要掌握"薄肥多施"原则。

养好四季秋海棠的另一关键是摘心。花谢后，一定要及时修剪残花、摘心，才能促使四季秋海棠多分枝、多开花。如果忽略摘心、修剪工作，植株容易长得瘦长，株形不是很美观，开花也较少。

在华东地区 4～10 月，四季秋海棠都要在全遮阳的条件下养护，但在早晨和傍晚最好稍见阳光。若发现叶片卷缩并出现焦斑，表示其受日光灼伤。到了霜降之后，就要移入室内并放在向阳处，防冻保暖，否则植株遭受霜冻，就会冻死；若室温持续在 15℃ 以上，施以追肥，四季秋海棠仍能继续开花。四季秋海棠常见病虫害是卷叶蛾。卷叶蛾的幼虫食害嫩叶和花，直接影响植株生长和开花。当出现少量卷叶蛾时用人工捕捉的方法进行防治，严重时可用乐果稀释液喷雾防治。

（四）鸡冠花

鸡冠花为苋科，青葙属，一年生草本，原产于美洲热带、非洲和印度，现世界各地广为栽培。

鸡冠花茎直立粗壮，株高 20～150 cm，叶互生，长卵形或卵状披针形，叶有深红、翠绿、黄绿、红绿等多种颜色；肉穗状花序顶生，形似鸡冠，扁平而厚软，呈扇形、肾形、扁球形等。它的花色也丰富多彩，有紫色、橙黄色、白色、红黄相杂等。

鸡冠花的花期较长，为 7～12 月，种子细小，呈紫黑色，藏于花冠绒毛内。鸡冠花的高秆品种可用于花境、点缀树丛外缘等；矮生种用于栽植花坛或盆栽观赏。鸡冠花原产于印度的凤尾鸡冠花，茎直立多分枝，穗状花序，应用也较广泛。

鸡冠花喜阳光充足，怕干旱，不耐涝，不耐霜冻，喜疏松肥沃和排水良好的土壤。鸡冠花的播种繁殖宜于 4～5 月进行，气温在 20～25℃时为佳。在播种前，可在苗床中施一些饼肥、厩肥、堆肥作基肥。播种时应在种子中拌入一些细土进行撒播，因鸡冠花种子细小，覆土 2～3 mm 即可，不宜深。播种前要使苗床中的土壤保持湿润，播种后可用细眼喷壶喷些水，再给苗床遮阴，2 周内不要浇水。一般 7～10 d 可出苗，待苗长出 3～4 片真叶时可间苗一次，拔除一些弱苗、过密苗，到苗高 5～6 cm 时应带根部土移栽定植。

在鸡冠花的生长期间，应保持土壤肥沃、湿润，尤其在炎夏应注意充分灌水，但雨季要注意排涝，否则易死苗。鸡冠花喜肥，基肥要充足，生长期再追施 1～2 次肥。在它的花期中要求通风良好，气温凉爽并稍遮阳则可延长花期。植株高大的品种，应在花期设立支柱，防止倒伏。在幼苗期如果发生根腐病，可用生石灰大田撒播。在它的生长期易发生小造桥虫，用乐果或菊酯类农药喷洒叶面，可起到防治作用。

（五）三色堇

三色堇，别名为人面花、猫脸花、阳蝶花、蝴蝶花、鬼脸花，原产于冰岛，现分布于世界各地。三色堇为堇菜科，堇菜属，常作二年生栽培。它一般茎高 20 cm 左右，从根际生出分枝，呈丛生状。它的基生叶有长柄，叶片近圆心形；茎生叶卵状长圆形或宽披针形，边缘有圆钝锯齿；托叶大，基部羽状深裂。在早春会从叶腋间抽生出长花梗，梗上单生一朵花：花大，直径为 3～6 cm；通常有蓝紫色、白色、黄色；花有 5 瓣，花瓣近圆形，假面状，覆瓦状排列，距短而钝。它的花期可从早春到初秋。

三色堇较耐寒，喜凉爽，在日温 15～25℃、夜温 3～5℃ 的条件下发育良好。日温若连续在 30℃ 以上，则花芽消失，或不形成花瓣。日照长短对开花的影响较大，日照不良则开花不佳。三色堇喜肥沃、排水良好的中性壤土或黏壤土。

在华南地区，秋冬季节为三色堇的播种适期，种子发芽适宜温度在 15～20℃。将三色堇的种子均匀撒播于细蛇木屑中，保持湿润，经 10～15 d 发芽。若气温太高则不易发芽，此时可先催芽再播种，用半张卫生纸折叠成方形，装入小型塑胶拉链袋，再滴水少许，使卫生纸充分吸水，然后将种子倒入袋内，再将袋口密封，放置冰箱 5～8℃ 环境中，经 6～7 d 再取出播种。在长出 2～3 片真叶时，假植于育苗盆中，追肥 1～2 次，真叶长至 5～7 片时再移植栽培。

盆栽三色堇时，每隔 17 cm 植一株三色堇，花坛株距为 15～20 cm。栽培三色堇的土质以肥沃的壤土为佳，或用泥炭土 30%、细蛇木屑 20%、壤土 40%、腐熟堆肥 10% 混合调制。生长期间每 20～30 d 追肥一次，各种有机肥料或氮、磷、钾均佳。花谢后立即剪除残花，能促使其再开花，至春末以后气温较高，开花渐少也渐小。三色堇性喜冷凉或温暖，忌高温多湿，生长适宜温度为 5～23℃，若有骤热或温度高达 28℃ 以上的天气，应力求通风良好，使温度降低，以防枯萎死亡。在其生长期如遇病害可用普克菌、代森锰锌防治，虫害可用速灭松、万灵等防治。

三色堇是冬春季节优良的花坛材料，适应性强，耐粗放管理，也可盆栽观赏。经自然杂交和人工选育，目前三色堇花的色彩、品种比较繁多。有一花三色，纯白、纯黄、纯紫等色，还有黄紫色，黑白相间色，紫、红、蓝、黄、白的混合色等。从花形上看，有大花形、花瓣边缘呈波浪形的花形及重瓣形的花形。

（六）金盏菊

金盏菊，别名为金盏花、黄金盏、长生菊，原产于欧洲南部，现世界各地均有栽培。金盏菊为菊科，金盏菊属，二年生草本，株高 30～60 cm，全株被白色茸毛。它单叶互生，呈椭圆形或椭圆状倒卵形，全缘，基生叶有柄，上部叶基抱茎。它头状花序单生茎顶，形大，4～6 cm，舌状花一轮，或多轮平展，以金黄色或橘黄色多见，筒状花以黄色或褐色多见。金盏菊也有重瓣（实为舌状花多层）、卷瓣和绿心、深紫色花心等栽培品种。

金盏菊的花期为 12 月至翌年 6 月，盛花期为 3～6 月。瘦果，呈船形、爪形，果熟期为 5～7 月。

金盏菊的主要品种如下:

第一,祥瑞:极矮生种,分枝性强,花大,重瓣,花径 7～8 cm。

第二,吉坦纳节日:株高 25～30 cm,早花种,花重瓣,花径 5 cm,花色有黄、橙和双色等。

第三,卡布劳纳系列:株高 50 cm,大花种,花色有金黄、橙、柠檬黄、杏黄等,具有深色花心。其中 1998 年的品种米柠檬卡布劳纳,米色舌状花,花心为柠檬黄色。

第四,红顶:株高 40～45 cm,花重瓣,花径 6 cm,花色有红、黄和红黄双色,每朵舌状花顶端呈红色。

第五,宝石系列:株高 30 cm,花重瓣,花径 6～7 cm,花色有柠檬黄、金黄。其中,矮宝石比较著名。

第六,圣日吉它:极矮生种,花大,重瓣,花径 8～10 cm。

金盏菊喜阳,适应性较强,能耐-9℃低温,忌炎热天气。不择土壤,能耐瘠薄干旱的土壤及阴凉环境,但在阳光充足及疏松、肥沃、微酸性地带上生长更好。

金盏菊主要采用播种繁殖的方法。常以秋播或在早春进行温室播种,每克种子为100～125 粒,发芽适宜温度为 20～22℃,盆播土壤需消毒,播后覆土 3 mm,7～10 d发芽。种子发芽率在 80%～85%,种子发芽有效期为 2～3 年。土壤酸碱范围以 pH 为4.5～8.3 最适宜。因金盏菊有自播性,即落在园子里的种子可以自己发芽,所需土壤不必特别肥沃。

当金盏菊的幼苗长出 3 片真叶时移苗一次,待苗长出 5～6 片真叶时定植于直径为10～12 cm 的盆中。定植后 7～10 d 摘心,以促使其分枝,或用 0.4%矮壮素溶液喷洒叶面 1～2 次来控制植株高度,促使侧枝发育,增加开花数量。生长期间应保持土壤湿润,每 15～30 d 施 10 倍水的腐熟尿液一次,早春播种时应施肥至 2 月底止。在第一茬花谢之后立即抹头,还能促发侧枝再度开花。在栽培过程中常有枯萎病和霜霉病,可用 65%代森锌可湿性粉剂 500 倍液喷洒防治。初夏气温升高时,金盏菊叶片易有锈病,用 50%萎锈灵可湿性粉剂 2 000 倍液喷洒。早春花期易遭受红蜘蛛和蚜虫的危害,可用 40%拟除虫菊酯乳油 1 000 倍液喷杀。

金盏菊的开花期可以通过改变栽培措施加以调节,调节的时期主要有以下几种情况:

1.早春

正常开花之后，及时剪除残花梗，促使其重发新枝开花；若加强水肥管理，可到9～10月再次开花。

2.3月底或7月初

直播于庭院，苗出齐后适当间苗或移植，给予合理的肥水条件，6月初即可开花。因金盏菊成长需要较长的低温阶段，故春播植株比秋播的花朵小。

3.8月下旬

在秋播盆内，降霜后应移至8～10℃下培养，白天放室外背风向阳处，严寒时放在室内向阳窗台上。每周浇一次水，保持盆土湿润，每月施加一次复合液肥，这样到了隆冬季节能不断开花。

露地秋播时，苗期适时控制浇水，培育壮苗。入冬后移栽到防寒向阳地越冬，气温降至0℃以下时，夜间加盖草帘防寒，白天除去草帘。当最低气温降至-7℃以下时，在草帘下加盖一层塑料薄膜，且白天只打开草帘，不打开薄膜，晴天时宜在中午前后适当通风。翌年早春最低气温回升到-7℃以上时，及时除去薄膜，夜间盖上草帘即可。待最低气温升到0℃时应立即除去草帘。此时要适当浇水以保持土壤的湿润性，同时，每隔15 d左右追加一次稀薄饼肥水，这样到"五一"期间，金盏菊便可怒放。

金盏菊植株矮生、密集，花色鲜艳夺目，是早春园林中常见的草本花卉，适用于中心广场、花坛、花带布置，也可作为草坪的镶边花卉或盆栽观赏。长梗大花品种可用于切花。它还具有抗二氧化硫能力，对氰化物及硫化氢也有一定抗性，为优良抗污花卉，也用于厂、矿区环境的美化布置。

（七）羽衣甘蓝

羽衣甘蓝为十字花科，甘蓝属，二年生草本植物，原产于地中海沿岸至小亚细亚一带，现广泛栽培，主要分布于温带地区。在英国、荷兰、德国、美国种植较多，且品种各异，有观赏用羽衣甘蓝，也有菜用羽衣甘蓝。我国引种栽培历史不久，尤其是观赏用羽衣甘蓝，近十几年才有少量种植，且仅分布在北京、上海、广州等大中城市。

羽衣甘蓝株高30 cm，抽薹开花时可达100～120 cm。根系发达，主要分布在30 cm深的耕作层。茎短缩，密生叶片。叶片肥厚，倒卵形，被有蜡粉，深度波状皱褶，呈鸟羽状，美观。栽培一年的植株形成莲座状叶丛，经冬季低温，于翌年开花、结实。总状花序顶生，花期为 4～5 月，果实为角果，扁圆形，种子圆球形，褐色，千粒重 4 g 左右。

羽衣甘蓝的园艺品种形态多样，按高度可分为高型和矮型；按叶的形态可分为皱叶、不皱叶及深裂叶；按颜色可分为边缘叶有翠绿色、深绿色、灰绿色、黄绿色的品种，中心叶有纯白色、淡黄色、肉色、玫瑰红色、紫红色的品种。

羽衣甘蓝喜冷凉气候，极耐寒，可忍受多次短暂的霜冻，耐热性也很强，生长势强，栽培容易，喜阳光，耐盐碱，喜肥沃土壤。它的生长适宜温度为 20～25℃，种子发芽的适宜温度为 18～25℃。

在播种繁殖时，培育大株应选在 7 月中旬育苗，花坛用的小株应选在 8 月育苗。播种时正值夏季，应注意遮阳降温。可直接播在露地苗床中，撒播，播后稍压土，并用水浇透，4～5 d 后发芽，在长出 2～3 片真叶时移栽。

羽衣甘蓝的生长周期较长，种植时基质的选择非常重要，一般选用疏松、透气、保水、保肥的几种基质混合而成，并在基质中适当加入鸡粪等有机肥作基肥。定植缓苗后需加强肥水管理，一般选用 200 mg/L 的 20-10-20 的肥料，7 d 施用一次。它在生长期间要充分接受光照，盆栽或露地栽培要注意株距，一次定植时的株距在 35 cm 左右，经多次假植的可在初期密度高一些。

在华东地带，羽衣甘蓝为冬季花坛的重要材料。其观赏期长，叶色极为鲜艳，在公园、街头、花坛常见用羽衣甘蓝镶边和组成各种美丽的图案，用羽衣甘蓝布置花坛，有很高的观赏效果。其叶色多样，是盆栽观叶的佳品。目前欧美地区及日本将部分观赏用羽衣甘蓝品种用于鲜切花销售。

（八）一串红

一串红为唇形科，鼠尾草属，多年生草本植物，常作一、二年生栽培，原产于巴西，现于我国各地广泛栽培。

一串红方茎直立，光滑，株高 30～80 cm。叶对生，卵形，长 4～8 cm，宽 2.5～6.5 cm，顶端渐尖，基部圆形，边缘有锯齿。轮伞状总状花序着生于枝顶。花冠唇形，红色，冠筒伸出萼外，长 3.5～5 cm，外面有红色柔毛，筒内无毛环；花萼钟形，长 11～22 mm，宿存；花冠、花萼同色。变种有白色、粉色、紫色等，花期 7 月至霜降。小坚果卵形，有 3 棱，平滑，果熟期 10～11 月。

一串红喜温暖和阳光充足的环境。它不耐寒，耐半阴，忌霜雪和高温，怕积水和碱性土壤，适宜 pH 为 5.5～6.0 的土壤。它对光周期反应敏感，具有短日照习性。

一串红以播种繁殖为主，也可扦插繁殖。于春季3～6月上旬均可进行播种，播后不必覆土，湿度保持在20℃左右，约12 d就可发芽。若秋播可采用室内盘播，室温必须在21℃以上，发芽快而整齐；若低于20℃，则发芽势明显下降。另外，一串红为喜光性种子，播种后无须覆土，可将轻质蛭石撒放在种子周围，既不影响透光又起保湿作用，可提高发芽率和整齐度，一般发芽率达到85%～90%。扦插繁殖以5～8月为好。可选择粗壮充实枝条，插入已消毒的腐叶土中，插壤保持20℃，插后10 d可生根，20 d可移栽。

一串红培养土内要施足基肥，生长前期不宜多浇水，可2 d浇一次，以免叶片发黄、脱落。当它进入生长旺期，可适当增加浇水量，开始施追肥，每月施2次，可使花开茂盛，延长花期。当苗生出4片叶子时，开始摘心，促进植株多分枝。摘心一般可进行3～4次，此时应注意空气流通，否则植株会发生腐烂病或受蚜虫、红蜘蛛等侵害。若在其生长期内发现虫害，可用40%乐果1 500倍液喷洒防治。它的植株还常发生叶斑病和霜霉病，在这种情况下可用65%代森锌可湿性粉剂500倍液喷洒防治。常见虫害有银纹夜蛾、短额负蝗、粉虱和蚜虫等，可用10%二氯苯醚菊酯乳油2 000倍液喷洒防治。

一串红盆栽适合布置大型花坛、花境，景观效果特别好，常用作主体材料。矮生品种盆栽，可用于窗台、阳台美化和屋旁、阶前点缀，也可室内欣赏。

（九）雏菊

雏菊，别名为延命菊、春菊、马兰头花、玛格丽特。雏菊为菊科，雏菊属，常秋播作二年生栽培（高寒地区春播作一年生栽培）。它原产于欧洲和西亚，现世界各地均有栽培。

雏菊株高15～20 cm。叶基部簇生，匙形。它头状花序单生，花径3～5 cm，舌状花为条形。颜色有白、粉、红等色。通常每株抽花10朵左右，花期为3～6月。它耐寒，宜冷凉气候。在炎热条件下雏菊开花不良，易枯死。

雏菊可在8月中旬或9月初，于露地苗床进行播种繁殖。播种后，宜用苇帘遮阳，不可用薄膜覆盖。当幼苗出齐时，撤去帘子。当长出2～3片真叶时进行第一次分植，裸根不带宿土，畦地土壤需湿润，浇水要及时。在分苗2～3 d后，土壤干燥时可再浇一次水。2 d后松土保墒和蹲苗。待幼苗生出3～4片真叶时，带土坨移植。

移栽畦内要施适量基肥，翌年株形才能矮壮，抗逆性强，花大且丰满色艳。10月底浇一次透水，当畦土不黏不散时，起坨囤入阳畦越冬，晚间盖蒲席防寒。雏菊越冬耐冷凉，但怕严霜和风干。蒲席的薄厚和撒土时间的早晚，视花苗长势和天气冷暖而灵活决定，以防徒长，从而有效地控制花期。秋季经过 1~2 次移植的雏菊，春季可在见花时直接定植花坛。秋季分苗后未经倒畦移植过的雏菊，春季宜在加足基肥的畦地养护成形后，入花坛定植或出圃上市。定植时，施腐叶肥或厩肥作底肥。定植后，宜每 7~10 d 浇水一次。雏菊在生长期喜阳光充足，不耐阴。雏菊秋播促壮后，若没有分苗移植，可在 10 月底将苗起出，分开，根丛稍带一点宿土，然后抓一把事先准备好的含腐殖质多而稍黏的湿润肥沃土壤，把 1~2 株苗放在壤土中心攥紧成坨，再依次囤入阳畦，对它进行喷雾保湿，以促须根旺发，若株小茁壮，翌春可直接定植花坛或上市出售。它在生长期内常发生菌核病、叶斑病或受小绿蚱蜢侵害。菌核病可用 50%托布津可湿性粉剂 500 倍液喷洒防治，小绿蚱蜢可用 50%杀螟硫磷乳油 1 000 倍液喷洒防治。

雏菊植株矮小，叶色翠绿可爱，花朵小巧玲珑，整齐美丽，花期长，生长势强，容易栽培，是早春地被花卉的首选。它适用于布置花坛、花带和花境边缘，也可用于家庭盆栽供人观赏。一葶一花，错落排列，外观古朴，花朵娇小玲珑，色彩和谐，可与金盏菊、三色堇、杜鹃、红叶小檗等配植，以达到良好的景观效果。

二、多年生草本园林植物的露地栽培

（一）球根园林植物的露地栽培

1.郁金香

郁金香为百合科，郁金香属，是多年生草本植物，原产于地中海沿岸、中亚细亚，以及伊朗、土耳其等地。至今，郁金香已在世界各地广泛种植，其中以在荷兰栽培最为盛行。郁金香在中国各地的庭园中也多有栽培，但它的退化问题较为严重。

它的鳞茎呈扁圆锥形或扁卵圆形，长约 2 cm，具有棕褐色皮膜，外被淡黄色纤维状皮膜。它的叶有 3~5 片，呈长椭圆状披针形，长 10~25 cm，宽 2~7 cm；它的叶分为基生叶和茎生叶，一般茎生叶仅 1~2 片，较小。经过园艺家长期的杂交栽培，目前全世界已有 8 000 多个品种的郁金香。

郁金香属长日照花卉，性喜向阳、避风，适宜冬季温暖湿润、夏季凉爽干燥的气候种植。8℃以上即可正常生长，一般可耐-14℃低温。它的耐寒性很强，在苏州地区，郁金香的鳞茎可露地越冬。郁金香怕酷暑，如果夏季来得早，盛夏又很炎热，则鳞茎休眠后难以度夏，经常发生种球干枯现象。郁金香的生长需要腐殖质丰富、疏松肥沃、排水良好的微酸性沙质壤土，忌碱土和连作。

郁金香常分球繁殖。郁金香每年更新，花期过后即干枯，其旁生出一个新球及数个子球，子球数量因品种不同而有差异，早花品种子球数量少，晚花品种子球数量多。子球数量还同培育条件有关。在每年 5 月下旬，可将郁金香的休眠鳞茎挖起、去泥，挖出鳞茎后除去残叶残根、浮土，将表面清洁干净，勿伤到外种皮，并进行分级晾晒、贮存，忌暴晒，防鼠咬、霉烂，可在干燥、通风，且温度为 5～10℃ 的条件下贮存。郁金香可在秋季 10 月下旬栽种，栽培地应施入充足的腐叶土和适量的磷、钾肥作基肥。植球后覆土 5～7 cm 即可。

郁金香的主要栽培管理技术如下：

第一，基肥。土壤要求疏松，使用前施入腐熟的有机肥。

第二，土壤消毒。以多菌灵 500 倍液或 75% 辛硫磷乳油 1 000 倍液喷浇土壤。

第三，做畦。做高畦，畦宽 120 cm，种植层厚 30 cm，工作道宽 45 cm。

第四，定植。株行距为 10 cm×12 cm。

第五，水分。种植完毕后立即浇水，以透为准，忌积水。出苗期应保持土壤充分湿润，一旦成苗，便可减少水分以保持土壤潮湿。通常情况下，视土壤湿度决定浇水次数。对于郁金香的栽培来说，水分是关键因素之一，土壤过湿则透气性差，易生成病苗，土壤过干又易生成盲花。

第六，温度。出芽前后如阳光较强应给予遮光，白天温度应保持在 18～24℃，夜间温度则保持在 12～14℃，可根据花期的不同及生长状况的差异在此范围内进行调整。

第七，追肥。在基肥充足的前提下，花蕾长出后和开花后各追肥一次。

第八，花后管理。花谢后除预留种子的母株外，其余的均需及时剪去花茎，以便集中供给新鳞茎发育所需的养分。此时浇水次数要逐渐减少，以利于新鳞茎膨大和质地充实。矮壮品种适用于布置春季花坛；高茎品种适用于切花或配置花境，也可丛植于草坪边缘；中、矮品种适宜盆栽，点缀庭院、室内，可以增添节日气氛。

2.欧洲水仙

欧洲水仙为石蒜科，水仙属，是多年生球根花卉，原产于欧洲及其附近地区，主要分布在英国、瑞典、法国、西班牙、葡萄牙、希腊及阿尔及利亚等国。

欧洲水仙的鳞茎呈卵圆形，由多数肉质鳞片组成；外皮呈干膜状，颜色为黄褐色或褐色；根纤细，呈白色，通常不分枝，断后便不再生出新的根。欧洲水仙大部分品种的花单生，颜色为黄色或淡黄色，稍有香气，花径为 8～13 cm，品种不同则花瓣大小有区别。它的副冠呈喇叭形，颜色为黄色，边缘呈不规则齿牙状且有皱褶。欧洲水仙适应冬季寒冷和夏季干热的生态环境，在秋、冬、春三季生长发育，夏季地上部分枯萎，地下鳞茎处于休眠状态，但其内部在经历花芽分化的过程。它喜肥沃、疏松、排水良好的微酸性至微碱性砂壤土。冬季能耐-15℃低温；夏季在 37℃高温下，鳞茎在土壤中可顺利休眠越夏。它的花期为 3～4 月。欧洲水仙在苏州地区长势良好，没有品种退化现象。

欧洲水仙常分球繁殖。每年 6 月中旬，需要将休眠鳞茎挖起、去泥，除去残叶、残根、浮土，将表面清洁干净，勿伤外种皮，并进行分级晾晒贮存，忌暴晒，防鼠咬、霉烂，在干燥、通风、温度为 5～10℃的条件下贮存。欧洲水仙可在秋季 10 月下旬栽种，栽培地应施入充足的腐叶土和适量的磷、钾肥作基肥。植球后覆土 5～7 cm 即可。

欧洲水仙的主要栽培管理技术如下：

第一，大田栽培。

一般在 10 月下旬播种。种植前应施足基肥，土壤以富含有机质的壤土为佳。在每 667 m² 大田施足堆肥，并施氮肥 10 kg，磷肥与钾肥各 12 kg。密度以 10 cm×12 cm 为佳，覆土 7 cm 左右。种植后浇足水，之后保持土壤湿润，不可积水。生长过程中若发现有病毒感染株，应立即拔除。开花后尽早将花切下，以利于球根的膨大，6～7 月植株休眠后，就可将其挖起，先进行晾干，再贮藏于凉爽通风的场所，最好能放入 15℃左右的仓库中，以利于花芽的继续发育，促使其早开花。如果不需要分球繁殖，也可让欧洲水仙种球留在土壤中休眠，免去种植与贮藏种球的麻烦。

第二，露地盆栽。

欧洲水仙由于植株较矮小、花大色艳，所以适宜盆栽，是元旦和春节理想的盆花。一般用 10～15 cm 的塑料盆，每盆种植 3～5 粒。用草炭、砻糠灰、珍珠岩按 7：2：1 的比例配制盆土，种植深度为 4～5 cm，加强水肥管理即可。

欧洲水仙常有根腐病和线虫病。在球根定植前，以 43℃的 0.5%福尔马林溶液浸泡 3～4 h，预防欧洲水仙的根螨及茎线虫病。防治蚜虫和红蜘蛛，可用 75%的百菌清可湿性粉剂 700 倍液、或 40%除虫菊酯氧化乳油 1 000 倍液喷洒。为防治根腐病，可以在植株基部撒消石灰。

欧洲水仙花形优美，花色素雅，叶色青绿，姿态潇洒，常用于花坛、花径、岩石园及草坪丛植，也可用于盆栽观赏。

3.风信子

风信子为百合科，风信子属，是多年生草本植物，原产于东南欧、地中海东部沿岸及小亚细亚一带，后来在欧洲进行栽培，1596 年英国已将风信子用于庭园栽培。18 世纪，风信子在欧洲已广泛栽培，并已进行育种。至今，荷兰、法国、英国和德国将风信子的生产推向产业化。风信子花形优美、植株矮小，常用于花坛、花径、岩石园及草坪丛植，也可用于盆栽或者水培观赏。

风信子的鳞茎呈卵形，有膜质外皮。它的植株高约 16 cm，叶似短剑，肥厚无柄，有 4～8 枚，呈狭披针形，肉质，上有凹沟，颜色呈绿色且有光泽。它的花茎为肉质，从鳞茎抽出，略高于叶，总状花序顶生，花有 5～20 枚，每朵花有 6 瓣，横向或下倾，呈漏斗形，花被呈筒形，上部四裂，反卷，有紫、玫瑰红、粉红、黄、白、蓝等色，花芳香，结蒴果。它的自然花期为 3～4 月。它的园艺品种有 2 000 多个，根据其花色，大致分为蓝色、粉红色、白色、紫色、黄色、绯红色、红色七个品系。

风信子喜凉爽、湿润和阳光充足的环境，性耐寒，喜排水良好的沙质土，在低湿黏重的土壤中生长效果极差。在苏州地区，风信子的鳞茎有夏季休眠的习性，秋冬两季生根，早春萌发新芽，3 月开花，6 月上旬植株枯萎。风信子在生长过程中，鳞茎在 2～6℃时根系生长最好。芽萌动适宜温度为 5～10℃，叶片生长适宜温度为 10～12℃，现蕾开花期以 15～18℃为宜。鳞茎的贮藏温度为 20～28℃，最适温度为 25℃，在此条件下，花芽分化最为理想。

风信子以分球繁殖为主，育种时用种子繁殖。

第一，分球繁殖。在 6 月把鳞茎挖回后，将大球和子球分开，大球秋植后，可于来年早春时开花，子球需培养 3 年才能开花。

第二，种子繁殖。此方法多在培育新品种时使用，可于秋季播入冷床中的培养土内，覆土 1 cm，翌年 1 月底至 2 月初萌发。实生苗培养的小鳞茎，4 年后开花。一般条件下贮藏的种子发芽力可保持 3 年。

风信子应选择排水良好、不太干燥的沙质壤土，壤土为中性至微碱性，种植前要施足基肥，大田栽培，忌连作。陆地栽培宜于 10～11 月进行，选择排水良好的土壤是最为重要的条件。种植前要在基肥上面加一薄层沙，然后将鳞茎排好，株距为 15～18 cm，覆土 5～8 cm。保持土壤疏松和湿润。一般开花前不做其他管理，开花后如不采收种子，应将花茎剪去，以促进球根发育，剪去位置应尽量在花茎的最上部。

在苏州地区，风信子的鳞茎可留土中越夏，不必每年挖起贮藏。如分株，可在 6 月上旬将球根挖出、摊开，并分级贮藏于冷库内。贮藏环境必须保持干燥凉爽，将鳞茎分层摊放以利于通风，夏季温度不宜超过 28℃。

4.葡萄风信子

葡萄风信子为百合科，蓝壶花属，是多年生花卉，原产于欧洲的法国、德国等，现于世界各地均有种植。

葡萄风信子的小鳞茎呈卵圆形，叶绒状披针形，丛生，植株矮小。花葶高 15～20 cm，顶端簇生 10～20 枚小坛状花，整个花序犹如蓝紫色的葡萄串，秀丽高雅。在苏州地区，它的花期为 3～4 月。花色有蓝紫色、白色、粉红色等。

葡萄风信子喜温暖湿润的环境，耐寒性强，冬季不畏严寒，初夏宜置于凉爽、半阴的环境下，宜生长在肥沃、疏松和排水良好的腐质壤土。

葡萄风信子一般采用播种或分植小鳞茎繁殖。种子采收后，可在秋季露地直播，翌年 4 月发芽，实生苗 2 年后开花。分植鳞茎可于夏季叶片枯萎后进行，秋季生根，入冬前长出新叶片。在苏州地区可在田间度夏。

葡萄风信子的栽培要点：葡萄风信子适应性强，栽培管理容易，苏州地区一般于 10 月下旬至 11 月上旬露地种植。土质以腐叶土或砂壤土为佳，栽植后保持培土湿度。待长出叶片后，可施用氮、磷、钾稀释液促进植株发育。

在冬季栽培葡萄风信子的要点：8 月底将鳞茎放入 6～8℃的冷库内冷藏 45 d，然后取出放置在冷室通风处，12 月初栽植于盆口直径为 18 cm 的花盆中，温室内的温度为18～25℃，元旦可开花。

葡萄风信子株丛低矮，花色明丽，花期长，是园林绿化优良的地被植物。它常作疏林下的地面覆盖或用于花境、花坛、草坪的成片、成带与镶边种植，也用于岩石园作点缀丛植，作为家庭花卉盆栽也有良好的观赏效果。

5.石蒜

石蒜为石蒜科，石蒜属，是多年生草本植物，石蒜属植物共有 20 余种，为东亚特有属。我国有 15 种石蒜属植物，集中分布于江苏、浙江、安徽三省。

石蒜的鳞茎呈广椭圆形。于初冬出叶，叶呈线形或带形。花茎先于叶抽出，高约 30 cm，顶生 4～6 朵花；花呈鲜红色或有白色边缘，花被筒极短，上部 6 裂，裂片狭披针形，长 4 cm，边缘皱缩，向外反卷；子房下位，有 3 室，花柱细长。花期为 9～10 月，果期为 10～11 月。

石蒜的野生品种生长于阴森潮湿地，其着生地为红壤，因此石蒜耐寒性强，喜阴，能忍受的高温极限为24℃；喜湿润，也耐干旱，习惯于偏酸性土壤，以疏松、肥沃的腐殖质土为宜。夏季休眠。

石蒜多以分鳞球茎的方法进行栽培繁殖。分鳞球茎时间以6月为佳，此时老鳞球茎呈休眠状态，地上部分枯萎。可选择多年生、具有多个小鳞球茎的健壮老株，将小鳞球茎掰下，尽量多带须根，以利于当年开花。一般分球繁殖须隔4～5年。播种期是在秋季采后即播，当年长胚根，翌春发芽。实生苗需培植4～5年后开花。

石蒜喜温暖湿润的环境，耐寒性略差，在长江中下游地区，冬季地上部分常因冻害而枯萎，但地下鳞茎能安全越冬。地栽一般不必施肥，栽植深度约为5 cm，植株行距以10 cm×15 cm（盆栽以每盆3～5株）为宜。栽后浇透水，并经常保持土壤湿润不积水。新根生长的最适宜温度为22～30℃，一般栽后15～20 d可长出新叶。

石蒜叶色翠绿，秋季彩花怒放，活泼妖艳。于溪流旁小径、岩石园叠水旁作自然点缀，或配植于多年生混合花境中，均可构成初秋佳景。石蒜也可作为盆花以及切花的材料。

6. 大丽花

大丽花为菊科，大丽花属，是多年生球根类花卉，原产于墨西哥高原地区，在我国北方地区多有栽植。

大丽花具有肥大的纺锤状肉质块根，多数聚生在根颈的基部，内部贮存大量水分，经久不干枯。它的株高随品种而异，40～200 cm不等，头状花序，总梗长伸直立，花色及花形丰富，在苏州地区，它的花期为5～6月。

大丽花喜阳光、温暖、通风的环境，忌黏重土壤，以富含腐殖质、排水良好的沙质壤土为宜，盆栽时盆土尤其要注意排水和通气。

大丽花主要用分根、扦插繁殖：

第一，分根繁殖。

分根繁殖一般在3月下旬结合种植进行。因大丽花仅根颈部能发芽，在分割时必须携带部分根颈，否则不能萌发新株。在越冬贮藏块根中选取充实、无病、带芽点的块根，2～3月在室温18～20℃的湿沙中催芽。发芽后，用利刀从根茎基部（带1～2个芽）切段，用草木灰涂抹切口防腐。

第二，扦插繁殖。

扦插繁殖是大丽花的主要繁殖方法之一，用全株各部位的顶芽、腋芽、脚芽均可，但脚芽最好。3～4月在温室或温床内扦插成活率最高。插穗取自经过催芽的块根，待新芽基部一对叶片展开时，即可从基部剥取扦插。扦插基质以沙质壤土加少量腐叶土或者泥炭为宜。

大丽花的茎部脆嫩，经不住大风侵袭，又怕水涝，地栽时要选择地势高、排水良好、阳光充足而又背风的地方，并做成高畦。在苏州地区，大丽花的大田栽培一般于 3 月底进行，如欲提早花期，可于温室或冷床中催芽，再行定植。大丽花喜肥，生长期间 7～10 d 追肥一次。夏季，大丽花的植株处于半休眠状态，一般不施肥。

大丽花的栽植深度以 6～12 cm 为宜。栽植时可埋设支柱，为避免以后插入时误伤块根。在其生长期要注意除蕾和修剪。茎细挺而多分枝的品种，可不摘心。霜后，地上部分的大丽花完全凋萎而停止生长，11 月下旬可先掘出块根，使其外表充分干燥，再埋藏于干沙内，温度维持在 5～7℃，相对湿度保持在 50%，待翌年早春可栽植。

大丽花花色丰富，花朵富贵，常用来做花境或群植，也可作为盆花或切花的花材。

7.美人蕉

美人蕉为美人蕉科，美人蕉属，是多年生草本植物，原产于美洲热带和亚热带，现已在世界各国广泛栽培。

美人蕉的株高可达 100～150 cm，根茎肥大；茎叶具有白粉，叶片呈阔椭圆形。总状花序顶生，花径可达 20 cm，花瓣直伸，花色丰富。在苏州地区，它的花期为 7～11 月。

美人蕉喜温暖和充足的阳光，不耐寒。它要求土壤深厚、肥沃，盆栽要求土壤疏松、排水良好。生长季节要经常施肥。露地栽培的适宜温度为 13～17℃。对土壤要求不严，在疏松肥沃、排水良好的砂壤土中生长最佳，也适宜在肥沃黏质土壤中生长。苏州地区可在防风处露地越冬。

美人蕉的播种繁殖期是在 4～5 月，这时可将种子坚硬的种皮用利具割开，温水浸种一昼夜后露地播种，播后 2～3 周出芽，长出 2～3 片叶时移栽一次，当年或翌年即可开花。分割母根茎段，每段带 2～3 个芽，当年可开花。

大花美人蕉栽培管理较为粗放。露地栽植的密度以每平方米保持 13～16 支假茎为宜。它在生长期要求肥水充足，高温多雨季节时可适度控制水分。它的植株长至 3～4 片叶后，每 10 d 追施一次液肥，直至开花。开花后及时剪掉残花，促使其不断萌发新的花枝。它怕强风，不耐寒，一经霜打，地上茎叶均枯萎，留下地下茎块。大部分品种在苏州可露地越冬。

美人蕉常作为灌丛边缘、花坛列植，也可盆栽或作为切花的用料。

8.葱兰

葱兰为石蒜科，葱兰属，是多年生草本植物，原产于墨西哥及南美各国，在我国广泛栽培。

葱兰的株高 20 cm 左右，叶基生，呈线形，为暗绿色；花葶中空，单生，花被 6 片，呈白色，花期为 7～9 月，蒴果近球形。

葱兰性喜阳光，也能耐半阴。它的耐寒力强，在长江流域以南均可露地越冬。它的生长要求有排水良好、肥沃的砂壤土。

葱兰鳞茎分生能力强，以春季分栽子球为主。

葱兰在栽种 2～3 年后，叶片易枯黄老化，可将地上部分的叶片全部剪去，并进行追肥，使之恢复生机。因其生长快，几年后易出现丛生、拥挤、郁闭、老化等现象，所以要注意及时分球移栽复壮。

葱兰株丛低矮而紧密，花期较长，最适合作为花坛边缘材料和庇荫地的地被植物，也可盆栽和瓶插水养。

9.韭兰

韭兰为石蒜科，葱兰属，是多年生草本植物，原产于墨西哥及南美各国，在我国广泛栽培。

韭兰的鳞茎为卵球形。叶扁线形，基部簇生 5～6 叶，柔软。春夏间开花，花粉红色，从管状、淡紫红色的总苞内抽出，单生于花茎顶端，花呈喇叭状，花被 6 片。韭兰性喜阳光，也能耐半阴。它耐寒力强，在长江流域以南均可露地越冬。它的生长需要有排水良好、肥沃的砂壤土。

栽植韭兰一般在春季进行，施足底肥，将种球颈上部叶片剪去。每穴种 3～4 个种球，深度以鳞茎上端微露为宜，株行距为 10 cm×15 cm。

韭兰对土壤等环境条件要求不严格，适合粗放式管理。一般定植成活后，每 1～2 个月施肥一次即可。

韭兰宜在花坛、花境、公园、绿地、庭院地栽或盆栽观赏。

（二）宿根种类

1.蓍草

蓍草为菊科，蓍属，是多年生草本植物，原产于东亚、西伯利亚及日本，现在世界各地广为栽培。

蓍草高达 90 cm；茎上部分枝，有柔毛。叶互生，无柄；叶片披针形或长椭圆形，边缘羽状中裂，裂片有不规则的锯齿或浅裂，基部半抱茎，腺点或有或无。头状花序伞房状着生，总苞钟形，舌状花单轮，花白色或粉红色，瘦果扁平，有翅，无冠毛。花果期为 7～10 月。

蓍草喜阳性，耐半阴，耐寒，喜温暖，在阳光充足及半阴处皆可正常生长。

蓍草可播种、扦插或分株繁殖。蓍草栽培简单，宜粗放式管理，一般不会发生病虫害。生长旺季要保持土壤湿润，但要做到不干不浇，不可浇水过度，开花后要重剪，加强追肥。在冬季地上部分不枯萎，在苏州地区可常绿越冬。

蓍草是花坛、花境、鲜切花的良好材料。

2.萱草

萱草为百合科，萱草属，是多年生草本植物，原产于中国、南欧及日本，现在世界各地广为栽培。

萱草具有很短的根状茎，根肉质，中下部有时呈纺锤状膨大。叶基生，两列，带状。花葶从叶丛中抽出，顶端具有总状或假二歧状圆锥花序，极少有单花或短缩花序。有苞片，花梗短，花近漏斗形，下部有花被管；花被 6 片，分内外两层，内 3 片花被常大于外 3 片花被，花被一般长于花被管。雄蕊有 6 个，着生于花被管上端。子房有 3 室，每室具有多枚胚珠。花柱细长，柱头小。蒴果呈钝三棱状椭圆形或倒卵形。室背开裂，种子黑色，有光泽。大花萱草花径为 13～18 cm，一般雄蕊长 6 cm，雌蕊长 8 cm，蒴果纵横径为 3.5 cm×2.5 cm，每个果有 15～18 粒种子，种子纵横径为 0.7 cm×0.5 cm，千粒重为 111 g。

萱草喜光照或半阴环境，适宜种植于肥沃湿润、排水良好的土壤中，能适应多种土壤环境，在盐碱地、沙石地、贫瘠荒地均生长良好。它耐干旱、耐半阴、耐水湿。

萱草的分根繁殖期为每 2～3 年分根一次。播种繁殖为种子成熟后即播。

大花萱草栽培管理比较简单，要求种植在排水良好、夏季不积水、富含有机质的土壤中。由于花期长，所以除了在种植时施足基肥，花前及花期还需追肥 2～3 次，以补充磷钾肥为主，也可喷施 0.2% 的磷酸二氢钾，促使花朵肥大，达到延长花期的效果，开花后自地面剪去花茎，及时清除株丛基部的枯残叶片。因其分蘖能力比较强，栽植时株行距须保持在 30 cm×40 cm。栽后第二年适时追肥，对当年开花有较大影响。全年最好施三次追肥：第一次追肥在新芽长到 10 cm 时进行；第二次追肥在见到花葶时进行；第三次追肥在开花后 10 d 进行。施肥后注意浇水，保持土壤湿润状态可促进植株多开花。

萱草根系有逐年向地表上移的趋势，秋冬之交要注意根际培土，并中耕除草。

萱草在园林中丛植于花境、路旁，还可作疏林地地被，也适合在古典园林中的假山、点石、路旁、池边点缀或小片群植。在家庭庭院中，萱草适宜种植于后庭，或种植于院落阶沿、墙边作院景点缀，极富情趣。

3.玉簪

玉簪为百合科，玉簪属，是多年生草本植物，原产于东亚寒带与温带，世界上有 23～26 种玉簪，主要分布于中国、日本、朝鲜、韩国。

玉簪生长健壮，耐严寒，喜阴湿，畏阳光直射，在疏林及适当庇荫处生长繁茂。它喜土层深厚、肥沃湿润、排水良好的沙质壤土。

玉簪在苏南地区的物候期大致如下：3 月萌芽出土，8～9 月开花，10 月果实成熟，11 月中下旬结霜后，地上部分枯萎，根茎与休眠芽露地越冬。通常 2～3 年生地下茎，可发 5 个左右新芽，株丛具有根出叶 20 片左右，丛径宽幅约 50 cm。

玉簪多于春秋两季分株繁殖，也可播种或组织培养繁殖。

玉簪种植宜选不积水、夏季阳光不过强的地方。夏季水涝 24 h 以上，玉簪即出现凋萎现象。土壤以微酸性为适宜，有较丰富的有机质。化肥可选缓释性的复合肥，每 667 m² 用量为 12 kg 左右。由于玉簪不是阴性植物，但又极忌强光直射，所以最适合栽植在落叶的宽叶疏林下，形成"花荫凉"。

入夏后，盆栽玉簪花需移至遮阳处或北面阳台上，防止阳光直射。其他生长季节放半阴处，深秋之后放向阳处培养，对其生长和开花有利。

地栽定植时要施入腐熟的厩肥作基肥，栽后浇足水。每年春季展叶后每隔 2～3 周施一次氮钾混合的腐熟液肥。孕蕾期追施以磷钾肥为主的液肥，花期暂停施肥。每次施肥后都要及时浇水，以保持土壤湿润，这样可促使其叶绿花繁。

在现代庭园中，玉簪花多种植于林下草地、岩石园或建筑物的背面，也可三两成丛点缀于花境中。

4.黑心菊

黑心菊为菊科，金光菊属，是多年生草本植物。

黑心菊株高 1 m，全株被硬毛。叶互生，呈长椭圆形，基生叶有 3～5 个浅裂，具有粗齿。头状花序，舌状花单轮，金黄色，花期为 5～9 月。花心隆起，紫褐色，瓣状小花，花金黄或瓣基暗红色。花期自初夏至降霜。瘦果细柱状。

黑心菊的适应性很强，性耐寒，耐旱，喜向阳通风，性喜疏松、肥沃、湿润的沙质土壤，能自播。

黑心菊的播种繁殖可于 9 月进行，播于露地苗床，待苗长出 4～5 片真叶时移栽，11 月定植。也可用分株或扦插法繁殖。

黑心菊的生长不择土壤，管理较为粗放，多作地栽，适宜生长于沙质壤土中。它对水肥要求不严。植株生长良好时，可适当施用氮、磷、钾肥，使黑心菊花朵更加美艳。生长期间应有充足的光照。特别对于切花植株，利用摘心法可延长花期。对于多年生植株要强迫分株，否则会使长势减弱，影响开花。

黑心菊是花境、花带、树群边缘或隙地的极好的绿化材料，也可丛植、群植在建筑物前、绿篱旁，还可用来做切花。

5.金鸡菊

金鸡菊为菊科，金鸡菊属，是多年生宿根草本植物，原产于北美。

金鸡菊株高 30～60 cm，叶片多对生，稀互生、全缘、浅裂或切裂。花单生或疏圆锥花序，总苞两列，每列 3 枚，基部合生。舌状花 1 列，宽舌状，呈黄色、棕色或粉色。

金鸡菊耐寒耐旱，对土壤要求不严，喜光，但耐半阴，适应性强，对二氧化硫有较强的抗性。金鸡菊常用播种繁殖。4 月春播，播后轻压或覆盖细土，7～10 d 发芽，发芽率高，但发芽不整齐；也可在春、夏季用嫩枝进行扦插繁殖，或在秋季进行分株繁殖。

在金鸡菊的生长期间需要每月施肥一次，花期停止施肥，防止枝叶徒长，影响开花。一般植株生长 5～6 年后需重新繁殖更新。

金鸡菊可在草地边缘、坡地、草坪中成片栽植，也可用来做切花和地被。

6.荷包牡丹

荷包牡丹为荷包牡丹科，荷包牡丹属，是多年生草本植物，它株高 30～60 cm，具肉质根状茎。叶对生，二回三出羽状复叶，状似牡丹叶，叶具有白粉，有长柄，裂片倒卵状。总状花序顶生呈拱状。花下垂向一边，鲜桃红色，有白花变种；外面 2 个花瓣基部呈囊状，内部 2 个花瓣近白色，形似荷包。它的蒴果细而长，种子细小有冠毛。

荷包牡丹性强健，喜光，可耐半阴，耐寒而不耐夏季高温，喜湿润，不耐干旱。喜富含有机质的壤土，在沙土及黏土中生长不良。

荷包牡丹常用分株繁殖或将根茎截段繁殖的方法。秋季将地下部分挖出，清除老腐根，将根茎按自然段顺势分开，分别栽植。另可将根茎截成段，每段带有芽眼，插入沙中，待生根后再栽植于盆内。

在荷包牡丹的生长期要给予充足的肥水，花期少搬动，以免落花影响观赏价值。开花后地上部分枯萎，可挖起根茎盆栽，保持15℃的温度和湿润的环境，进行促成栽培，70 d左右又能见花。根据促成栽培开始的时间早晚，可控制开花日期为2～6月，分批供应市场。

荷包牡丹适用于布置花境、花坛，也可以盆栽，还可以点缀岩石园或在林下大面积种植。

三、木本园林植物的露地栽培

（一）茶花

茶花为山茶科山茶属植物，常绿灌木或小乔木。茶花的颜色有红色、白色、黄色、紫色，甚至还有彩色。花期因品种不同而不同，从10月至翌年4月都有花开放。山茶属植物有220余种，其中，茶花、云南山茶花、茶梅，以及近年来我国发现的金花茶，都是重要的观赏花木，云南山茶花为云南的特产。

1.形态特征

茶花为常绿灌木或小乔木，叶革质，呈卵形、椭圆形至倒卵形，先端钝渐尖，基部楔形，有细锯齿，表面暗绿，有光泽，叶面向上拱起，叶缘、叶端常有向下反曲状。花单生或对生于叶腋或枝顶，呈红色，无梗，花瓣有5～7枚，呈圆形。蒴果球形或有棱。

2.生长习性

茶花喜温暖、湿润和半阴环境，怕高温，忌烈日。它的生长适宜温度为18～25℃。当温度在12℃以上时开始萌芽，30℃以上则停止生长，始花温度为2℃，适宜花朵开放的温度为10～20℃。茶花中的耐寒品种能短时间耐-10℃的低温，一般品种能耐-3～4℃的低温。夏季温度超过35℃时，就会出现叶片灼伤现象。茶花适宜水分充足、空气湿润的环境，忌干燥。空气相对湿度以70%～80%为宜。梅雨季注意排水，以免引起根部受涝而腐烂。茶花属半阴性植物，宜于散射光下生长，怕直射光暴晒，幼苗须遮阳。成年植株需较多光照，这样有利于花芽的形成和开花。露地土的pH为5～6时最适宜，碱性土壤不适合茶花生长。盆栽土适宜用肥沃、疏松、微酸性的壤土或腐叶土。

3.繁殖技术

茶花常用扦插、嫁接、靠接、压条、播种和组培繁殖。

第一，扦插繁殖。以 6 月中旬和 8 月底左右扦插最为适宜。选当年生半熟枝为插穗，长 8～10 cm，先端留 2 片叶，随剪随插。扦插时使用 0.4%～0.5%吲哚丁酸溶液浸蘸插穗基部 2～5 s，有明显促进生根的效果。

第二，嫁接繁殖。嫁接繁殖常用于扦插生根困难或繁殖材料少的品种。嫁接时间为 5～6 月，砧木以油茶为主，10 月采种，冬季沙藏，翌年 4 月上旬播种，待苗长至 4～5 cm，即可用于嫁接。嫁接时采用嫩枝劈接法，用棉线缚扎，套上清洁的塑料袋。约 40 d 后去除塑料袋，60 d 左右才能萌芽抽梢。之后用地膜覆盖，上面搭荫棚遮阳。如果砧木较大、枝较多，则可大面积嫁接，可在各个分枝上嫁接不同的茶花品种。这样，同一植株上可开出多种颜色的花。从早春到深秋均可进行嫁接。

第三，靠接繁殖。云南山茶花等扦插成活较难的，或很长时间才能生根的品种，一般要用靠接法。靠接在 5 月下旬至 6 月中旬进行为宜。靠接一般选 4～5 年茶花的实生苗作砧木，选生长健壮的 2～3 年生枝条作接穗。接后约经 3 个月，接口即可愈合牢固。

第四，压条繁殖。梅雨季选用健壮的一年生枝条，在离顶端 20 cm 处进行环状剥皮，剥掉的皮宽 1 cm，用腐叶土缚上后包以塑料薄膜，约 60 d 后生根，剪下可直接盆栽，成活率高。

第五，播种繁殖。播种繁殖适用于单瓣或半重瓣品种。

第六，组培繁殖。外植体常用实生苗。

4.栽培技术

茶花的栽培技术因栽培环境的不同而有差异。

（1）地栽茶花

地栽茶花分为园林绿化栽培与圃地栽培两种。它们的主要栽培步骤如下：

第一，选好种植地：园林绿化栽培要有遮阳树相伴，圃地栽培要种好遮阳树，并使遮阳树成行成列。

第二，种植时间：在温暖地区一般以秋植为佳。

第三，施肥要掌握好 3 个关键时期：2～3 月间施追肥，以促进春梢生长，起到花后补肥的作用；6 月施追肥，以促进二次枝生长，提高抗旱力；10～11 月施基肥，使新根慢慢吸收肥料，提高抗寒力，为次年春梢的生长打下良好基础。

第四，中耕除草、清洁园地是防治病虫害、增强树势的有效措施：冬耕可消灭越冬害虫。全年需进行中耕除草 5～6 次。夏季高温季节应停止中耕，以减少土壤水分蒸发。

第五，修剪、摘蕾和采花：不宜强度修剪，只要除去病虫枝、过密枝和弱枝即可。以保持每枝 1～2 个花蕾为宜。

（2）盆栽茶花

首先，花盆大小与盆苗的比例要恰当。所用盆土最好在园土中加入 1/2～1/3 的松针叶，经 1 年腐烂后施用，效果良好。上盆时间为冬季 11 月或早春 2～3 月，近萌芽期停止上盆，高温季节切忌上盆。上盆时，水要浇足，平时浇水要适量。夏秋高温季节要及时进行庇荫降温，冬季必须及时采取防冻措施。可以用调节温度的方法来促进或延缓开花。为延迟开花，应选晚花品种，入库前整个植株要包扎防寒，放到 2～3℃ 的冷库中，每天应使茶花暴露于弱光下 6 h，处理时间约 1 个月，可达到延迟开花的目的。春季开花的品种，在满足低温要求后，只要加温就可提早开花。赤霉素处理可以使植株提早开花。

5.病虫害防治

在室内、大棚栽培时，如果通风不好，易受红蜘蛛、介壳虫危害，可用 40% 的拟除虫菊酯乳油 1 000 倍液喷洒防治或洗刷干净。梅雨季节空气湿度大，常发生炭疽病危害，可用等量波尔多液或 25% 的多菌灵可湿性粉剂 1 000 倍液喷洒防治。

茶花是元旦、春节盆栽的佳品，可点缀客室、书房和阳台，增添典雅、豪华的气氛。茶花是园林绿化的重要材料，被广泛应用于公园绿地、自然风景区和名胜古迹。在庭院之中，可小片群植或与其他树种搭配组合，也可作主景欣赏。在庭院中配植，与花墙、亭前山石相伴，景色自然宜人。1955 年，杭州市植物园开辟了一个约 3.33 hm^2 的木兰山茶园，种植 50 余个品种的茶花。昆明植物园、云南山茶园等也是富有地方特色的旅游景点。云南山茶花可孤植于草坪、庭前，或对植于道路两旁、广场入口处。也可供切花之用，花可入药，果实可榨油，木材可供雕刻。茶花对有害气体二氧化硫有很强的抗性，对硫化氢、氯气、氟化氢和铬酸烟雾也有明显的抗性，适用于受有害气体污染的工厂区绿化，可起到保护环境、净化空气的作用。

以金银花为例，金花茶繁花满树，灿若黄金，是冬季难得的观花树种，宜丛植或片植，也可盆栽观赏，并可用来做切花。其叶可代茶饮，辅助治疗高血压；花可治便血；种子榨油可供食用或工业用；木材可雕刻；花之浸提液为黄色，可作食用染料。

（二）桂花

桂花为木樨科木樨属常绿乔木或灌木，又被称为岩桂（《群芳谱》）、金粟、木梅、丹桂、九里香（湖南）、山桂（《平泉山居草木记》）等，在我国已有 2 500 多年的栽培历史，是我国十大传统名花之一，也是现代城市绿化非常珍贵的花木之一。它原产于我国西南、中南地区，现广泛栽培于长江流域各省区，在华北、东北地区多采用盆栽。它树姿优美、枝繁叶茂、绿叶青翠、四季常青，尤其以清幽的花香吸引人，可谓"独占三秋压众芳"，被苏州、杭州、桂林等世界著名的旅游城市定为市花。

1.桂花的形态特征

桂花的品种较多，日常可见到的有月桂、金桂、银桂、丹桂、四季桂、大叶桂、秋桂、檀香桂八种，为露地种植的常绿乔木，树形高大，通常高 2～10 m，叶对生、花腋生或顶生，聚伞花序，花小，黄白色，花香浓郁，花期为 9～10 月。其中，金桂树形高大，树冠浑圆，叶大浓绿有光泽、呈椭圆形，叶缘波状、叶片厚，花金黄色、香气最浓；银桂叶较小，呈椭圆形、卵形或倒卵形，较薄，花为黄白色或淡黄色，香味略淡于金桂，花期也比金桂迟一周左右；丹桂叶较小，呈披针形或椭圆形，先端尖、叶面粗糙，花为橙黄色或橙红色、香气较淡；四季桂叶呈椭圆形，较薄，花呈黄色或淡黄色，花期长，除严寒酷暑外，数次开花，但以秋季为多，香味淡，叶较小，多为灌木状；大叶桂为栽培品种，叶形较大，边缘缺刻较深。

2.桂花的生长习性

桂花喜温暖、湿润的气候，有一定的抗寒能力，但不耐严寒。喜光，也耐阴，在幼苗时要有一定的遮阳度。它对土壤要求不高，喜富含腐殖质的微酸性土壤，以土层深厚、肥沃湿润、排水良好的沙质土壤最为适宜。它不耐干旱、瘠薄土壤，忌盐碱土和涝渍地。若栽植于排水不良的过湿地，会出现植株生长不良、根系腐烂、叶片脱落的现象，甚至会导致全株死亡。

3.桂花的繁殖技术

桂花的繁殖技术有播种、分株、扦插、压条、嫁接等五种方法。若只需繁殖一株或几株，可采用分株、压条或嫁接的方法进行繁殖；若要进行大量繁殖，则可采用扦插或播种的方法进行繁殖。

（1）播种繁殖

采用播种繁殖先要从选择种子做起，要选择具有良种的母本和父本进行杂交和远缘授粉，以获得优良的种子。

第一，采种。

在桂花进入结实时期，加强光照，适当地施些磷肥、钾肥，使种子颗粒大而饱满。桂花在9～10月开花，其果实于翌年3月下旬至4月下旬成熟。当果实进入成熟期，果皮由绿色逐渐转为紫黑色时，即可采集。采集的果实堆沤3 d左右，待果皮软化后，浸水搓洗，去果皮、果肉，得到净种，稍加晾干后湿润沙藏。因为桂花种子有后熟期，所以一般要湿沙催芽8个月后才能发芽。

第二，育苗。

采种后可在两个时段进行播种：一是采后即播，可减少种子贮藏这一道工序，到秋季就有部分种子发芽出苗，这种方法的缺点是幼苗越冬管理难度大，易遭冻害；二是采种后先沙藏，至翌年春天从沙中选出种子后播种，4月发芽出苗，这种方法的优点是幼苗生长快、苗期管理难度小。采用播种育苗，在苗期要注意防治苗木病虫害，加强水肥管理，及时间苗补苗、中耕除草，做好遮阳降温和防寒防冻等工作。

苗圃地选用土壤疏松，透气、透水性好，向阳，排灌方便的干燥高地。之后，进行翻土、晒土、拣去害虫及虫卵，并对土壤喷一次乐果或敌百虫等兑稀的杀虫液，然后用培养土制成高于地面10 cm左右的苗床（旁边开通排水沟），即可播种。春播时，先将种子用温水浸泡1 d，播种常用宽幅条播，行距20～25 cm，幅宽10～12 cm，每667 m²的土地播种20 kg的种子，每667 m²的土地产桂花苗2.5万～3万株。播种前要将种脐朝向一侧，覆细土1～2 cm，再盖上薄层稻草，喷水至土壤湿透，以防土壤板结和减少水分蒸发。当种子萌发出土后，及时掀掉稻草，将稻草放置于行间，既可保持土壤湿润，又能防止杂草生长。

种子长出幼芽后，苗床上要搭起遮阳棚，防止阳光直射，并将稻草拨开少许，使之透气。幼苗长至20 cm左右时，即可选苗移植。幼苗生长2～3年后就可移植定株。此后应注意水肥管理，使定株成活。在第二次移栽时，再施些复合肥，供植株生长发育的需要，使之正常开花。

（2）分株繁殖

桂花的分株繁殖，就是把丛生桂花的小植株从母体上切离下来，作为离体单独培植。分株在开花后进行，一般在10月，这时温度适宜，分株效果最好。在分株前2～3个月，就要先从株丛中选择长有侧须和根须的苗株，在母株和幼株连接处进行半切离操作，使须根进一步发达、健壮起来，以便全切离后能够成活。在秋季切离时，最好让幼株根部连带部分泥团，取出后立即栽植。栽后只要注意水分供给适度，不过干或过湿，植株便能迅速成活，且成活率很高。

（3）扦插繁殖

桂花的扦插繁殖，操作简单，省工省时。扦插繁殖的关键是插穗的选择，它直接关系到成活率。在选取插枝以前，还应先精心培育母树，促使其萌发较多的健壮枝条。在秋季花谢后和早春萌发新枝前就应加强修剪的工作，并于冬季施足基肥，开春后每隔2～3周施一次追肥。这样，在6～8月下旬时，就可以截取强壮的半成熟枝的枝条，作为嫩枝扦插的插穗。9～11月又可剪取成熟的枝条作为硬枝扦插的插穗。选穗时，要避免采用徒长枝、纤细枝、内膛枝和病枝。插穗长度为8～12 cm，剪去嫩梢，顶部留2片小叶。剪下后应随剪随插，扦插前，可以使用生根粉溶液处理。扦插时，插入土中的深度约为2/5，然后将土按实，浇一次足水。

桂花喜欢空气湿度较大的阴凉环境，尤其初扦插尚未生根的插穗，不可过干，更不能晒太阳，扦插后一个月内必须严格注意遮阳，最好搭个双层阴棚，高棚的高度约为2 m，低棚的高度为60～70 cm。高棚还应在西南日晒方向挂帘遮阳，天气干燥时还应每天用喷雾器喷1～2次水。3～4个月后，幼苗新根即可生长，新根长至3～4 cm长时，即可移栽。在移栽前1～2个星期，应将遮阳的芦席或草帘掀去，让幼嫩的苗得到锻炼。移栽时，最好用1%的硫酸铜和0.5%的尿素加泥土调些泥浆，将幼苗的根在带药的泥浆中蘸一下，既可防病，又能沾到一点肥料，使成活率有所提高。

（4）压条繁殖

桂花的压条繁殖可分为空中压条和地面压条。

第一，空中压条。

空中压条一年四季都可进行，但以春季发芽前进行为宜。空中压条较适合家庭盆栽，一般是在清明前后，气温在20～25℃时，在优良品种的强健母株上选择不影响树冠的2～3年生枝条进行环状剥皮，切口长度约为2 cm，取对劈两开的竹筒，筒内铺一层沙质湿润的培养土，将枝条剥皮处全团抱合起来，外面用塑料布包裹好，再用带子扎上，约经1个月后伤口愈合，3个月后由切口皮层生出新根，7月检查生根情况，10月或翌年春季，新须长到3～5 cm时，即可切离母株。切取时一定要在竹筒的下端剪断，再重新上盆栽植。

第二，地面压条。

地面压条，又被称为伏枝压条或普通压条，这是桂花压条繁殖最普遍采用的一种方法。此方法宜在4～6月或8～9月（气温在25～30℃）时进行。植株丛生的可用堆土压条法，即在靠近根部的枝条上割开枝皮1～2 cm，并将其压弯于地面，用泥土在伤枝上堆高7～8 cm，压实，期间要经常浇水保持湿润，约3个月生根；翌年春季与母株切离，栽植成新株。单干的伏枝压条，选择健壮枝条，摘去部分叶片；用刀进行环状剥皮后压入土中，再用竹叉插入深土中固定住枝条，使其不会弹起或移动，上面盖上一层约10 cm厚的土壤，让梢和叶留在土外，待3个月发根后，即可切离母株，另外栽成新株。若是盆栽植株，可将割开切口的枝条压入另一盆土中固定，待枝条生根后再切离移植。

（5）嫁接繁殖

嫁接繁殖具有成苗快、长势旺、开花早、变异小的优点，也是桂花的繁殖技术中比较常用的方法之一。

培育砧木时，多用女贞、小叶女贞、小叶白蜡等一至二年生苗木作砧木。其中，用女贞嫁接桂花成活率高，初期生长快，但若伤口愈合不好，遇大风吹或外力碰撞易发生断离。

桂花嫁接繁殖一般都采用靠接法，因为女贞适应性强，耐寒耐涝，所以大多用小叶女贞作为砧木。靠接以4～6月进行为宜，接穗可选二年生直径0.7～0.8 cm的健壮小枝，砧木的粗细宜与接穗相同。靠接时，将砧木花盆靠近母株一侧，以便嫁接处靠拢贴合，然后在两者高度相等的母株枝干上，选取平直、光滑、无节的部位，各切出长3～4 cm的椭圆形切面，使其露出形成层，深达木质部，然后立即将二者的切口靠在一起，使其形成层对齐，接着用潮麻条缠紧，包上塑料布，以保持内部的湿度。靠接操作完成后，约经2个月后，伤口愈合，伤口部形成瘤状块并长出嫩根。待新根长至2～3 cm时，即可切离母株。新栽植株只需置于阴凉处，防止日晒，保持湿度，适当浇水即可。若管理适宜，当年便可开花。

除靠接法外，生产上还常用的方法有劈接法和腹接法。这两种嫁接方法在清明节前后进行。接穗以选取成年树上充分木质化的，一、二年生的，健壮的，无病的枝条为宜，接着去掉叶片，保留叶柄。劈接法是指在春季苗木萌芽前，将砧木在距地面4～6 cm处剪断，再进行嫁接的方法。接穗的粗度与砧木的粗度要相配，接穗的削面要平滑，劈接成功的关键在于砧木与接穗的形成层要对齐、绑扎要紧实。腹接法无须断砧，直接将接芽嵌于砧木上，嫁接成功后再断砧。无论采取哪种方法嫁接，尽可能做到随取穗随嫁接。

从外地取穗的要保持穗条的新鲜度，嫁接以晴天无风的天气为宜。嫁接后要注意检查成活率，做好补接、抹芽、剪砧、解除绑扎带、水肥管理和防治病虫害等工作。

4.桂花的苗期管理

苗期须做好中耕除草、灌溉、施肥、整形修剪、移植等工作。

（1）中耕除草

小苗以人工除草为主；大苗既可以人工除草，也可以机械除草。大苗人工除草以主干为中心，在直径为1 m的树盘内重点松土和除草；机械除草是用小型拖拉机进行的。一般来说，行距在1 m以上的大苗区，可用机械中耕除草。小苗每月可进行2～3次中耕除草。另外，灌水或降水后，为防止土壤板结，应进行中耕松土。

（2）灌溉

桂花的灌溉主要在新种植后的一个月内和种植当年的夏季进行。新种植的桂花一定要浇透水，可根据天气状况和立地条件，适时进行浇水。有条件的应对植株的树冠喷水，以保持一定的空气湿度，减少树苗的水分蒸发。另外，为了使桂花提早开花，应在9月中旬花芽开始萌动时适量浇水，保持土壤湿润。桂花大苗在正常的养护期间不需要大量浇水，在特别干旱的夏秋季节可适当浇水。桂花不耐涝，若排水不良则会造成大量落叶、根系腐烂甚至死亡。及时排涝或将受涝害的植株移植，并在基质中加入一定量的沙子，可促进新根的生长。

（3）施肥

桂花的施肥应以薄肥勤施为原则，以速效氮肥为主，中大苗全年施肥3～4次。早春，芽开始膨大，前根系就已开始活动并吸收肥料。因此，早春在树盘内施有机肥能促进春梢生长。春梢是当年秋季的开花枝，若长得壮，将来开花就多。秋季桂花开花后，为了恢复树势，补充营养，入冬前期需施无机肥或垃圾土肥。期间可根据桂花的生长情况，施肥1～2次。新移植的桂花，由于根系损伤，吸收能力较弱，追肥不宜太早。移植坑穴的基肥应与土壤拌匀再覆土，根系不宜直接与肥料接触，以免伤根，影响成活率。

肥料必须施在根系能吸收的地方，苗木根系越集中，移栽越易于成活。因此，苗圃施肥不能距苗冠太远，否则，根系会向外扩展；但也不应施于树干下，这不利于肥料的吸收。

（4）整形修剪

桂花萌发力强，有自然形成灌丛的特性。每年在春、秋季抽梢2次，如不及时修剪枝芽，很难培育出高植株，并易形成上部枝条密集、下部枝条稀少的现象。修剪时，除树势、枝势生长不好的枝条应短截外，一般以疏枝为主，只对过密的外围枝进行适当疏除，并剪去徒长枝和病虫枝，以改善植株的通风透光条件。要及时抹除树干基部发出的萌蘖枝，以免消耗植物内的养分和扰乱树形。桂花修剪是培育单干桂花的重要措施。及时、合理地修剪，能使其通风透光，加强光合作用，并可减少病虫害，从而使桂花生长快、树干直、树形美。桂花的整形修剪操作包括剥芽、疏枝、短截三部分。

第一，剥芽。

桂花发芽时，主干和基部的芽也能萌发，应及时将主干下部无用的芽剥掉，使水分、营养集中，促进上部枝条发育，形成理想树形。

第二，疏枝。

培育单干桂花，从幼苗开始就要培养主干，使主干通直，保持一定的枝下高，剪去无用枝条，一般成材后的桂花枝下高在 1.5 m 左右。

第三，短截。

剪去徒长的顶部枝条，使桂花高度保持在 3.5 m 左右，冠幅保持在 2.5～3 m。移植桂花时，为了保持完整的树形，不宜强修剪，只需剪去干枯枝、病虫枝，疏除重叠枝、交叉枝、纤弱枝，对徒长枝要加以控制。

（5）移植

经播种、扦插等途径繁殖出来的一年生桂花幼苗，因抗旱、抗寒、抗瘠能力差，不宜立即作绿化苗使用，应先移栽到圃地内继续培植 2～5 年，待其长成中苗后，再移栽培育大苗。苗木移植前，要选好圃地，进行整地。选择光照充足、土层深厚、富含腐殖质、通透性强、排灌方便的微酸性沙性壤土（pH 为 5.0～6.5）作培植圃地。在移植的上年秋冬季节，先将圃地全垦一次。

桂花一年生苗高 25 cm，翌年早春进行第一次移植，株行距为 1 m×1.5 m；2 年后待其长粗长高时，每隔 1 株移走 1 株，使株行距变为 2 m×1.5 m；待桂花苗干径达 3～4 cm 时，可以进行第三次移植，此时的株行距为 2.5 m×2.5 m。以 0.4 m×0.4 m×0.4 m 的规格挖好栽植穴。在每个栽植穴中施入腐熟的农家肥 2～3 kg、磷肥 0.5 kg 作基肥，将基肥与表面土壤拌匀，填入栽植穴内。肥料经冬雪春雨侵蚀发酵后，易被树苗吸收。移植地必须深耕细耙，要"三耕三耙"。这样能改良土壤物理性质，保持土壤疏松，增加土壤的透气性和保水能力，有利于好气性细菌的活动，促进有机肥的分解，同时给根系营造一个良好的生长环境。

起苗时尽量多带土，多保持根系，适当剪去主根。桂花干径达 6～8 cm 即可出圃销售。作为园林绿化用的桂花大苗，一般要培育 8 年以上。

一般除盛夏和严冬季节外，其他时间均可进行桂花移植。在气候温暖地区，只要带好土球，全年都可以移植。最佳时间为 11 月底至翌年 2 月，这时移植的桂花根部伤口愈合较快，能赶上春天的生长季节，对其恢复生长非常有利，栽植的桂花几乎当年就能正常开花。

移栽后，如遇大雨使圃地积水，要挖沟排水；如遇干旱，要浇水抗旱。除施足基肥外，每年还要施 3 次肥，即在 3 月下旬每株施速效氮肥 0.1～0.3 kg，促使其长高和多发嫩梢；7 月每株施速效磷钾肥 0.1～0.3 kg，以提高其抗旱能力；10 月每株施有机肥 2～3 kg，以提高其抗寒能力，为越冬做准备。

移植后的苗木，要经常松土除草。在春秋季节，结合施肥分别中耕一次，以改善土壤结构。越冬前垒蔸一次，并给树干涂白，以增强抗寒能力。每年除草 2～3 次，以免杂草与苗木争水、争肥、争光照。

5.桂花的栽培技术

桂花大多露地栽植在庭院中，早年盆栽很少，近年来桂花盆栽逐渐流行。桂花适应性较强，对土质要求不高，但仍以菜园腐殖土、马粪（或堆肥）及少量河沙拌和的培养土为佳，若施些腐熟的豆饼及骨粉作基肥则效果更佳。盆栽桂花到第二年秋天要换盆，盆以瓦缸或大一号瓦盆为宜。换盆时，起苗尽量不要损伤根，待除去部分宿土后换上新的培养土，并放入少量基肥。栽植时要注意使根系在盆内舒展，不可窝在一处。栽好后，要摇振花盆，使培养土与根系密切接触，然后浇一次透水，至霜降时，将盆置于室内。在上盆和换盆的初期，浇水不可太多，以防烂根。室内温度应保持在 5～10℃，若温度过高不利于冬眠，植株会抽生叶芽和弱枝，影响翌年春后正常的生长发育；若温度过低，则易受冻害。

冬季时，植株处于半休眠状态，4～5 d 浇一次水，保持盆土潮润即可，不宜过湿。春天 3～4 月间抽发春梢，此阶段要注意加强对桂花幼苗的管理。惊蛰之后，可逐渐让桂花幼苗接受阳光，但移出室外的时间不宜过早，需到 5 月再移入露地培养，放置于背风向阳处。夏秋季节，宜置于阳光充足处，无须遮阳，晴天气候干燥时，每天浇 1～2 次水，并于每周浇一次腐熟的稀薄豆饼肥液或腐熟的黄粪稀薄肥液即可。但氮肥不宜过多，否则会使枝叶徒长，影响开花。5～8 月应逐渐增加液肥的浓度，并且多施磷钾肥，以保证花芽分化。9～10 月进入花期后，肥水要相应减少，保证土壤不过分干燥即可。霜降后再移入室内。

桂花的主要病害有褐斑病、枯叶病和炭疽病等，主要虫害有白蚧壳虫、盾蚧虫、全爪螨和红蜘蛛等。褐斑病、枯叶病及炭疽病都危害叶片，从叶片基部及边缘开始，使叶片逐渐枯黄，继而变成褐色，甚至脱落。发病初期，一方面可先人工摘除病叶；另一方面要增施钾肥及腐殖肥，以提高其抗病力。病发期间可喷洒 1∶2∶150 的波尔多液。炭疽病在发病前可喷洒 50%的甲基硫菌灵 800～1 000 倍稀释液防治。白蚧壳虫常出现在梅雨季节，此虫用针状口器吸食叶片中的液汁，使叶片出现斑点、卷曲、皱缩等病症。发病时，可用 80%的拟除虫菊酯乳剂加 1 000～1 500 倍水溶液喷洒。盾蚧虫也危害叶片，使叶片变黄、脱落，可采用人工刷除叶上害虫的方法来防治。全爪螨可使叶片失去翠绿，变黄或灰白，白天闷热时全爪螨的危害最严重。出现害虫初期可用 20%的三氯杀螨醇 700 倍稀释液喷洒；中期可用 80%的拟除虫菊酯乳油 2 000 倍稀释液，或 40%的拟除虫菊酯乳油 3 000 倍稀释液喷洒。红蜘蛛多在高温干燥的气候条件下出现，叶片经其危害后变得卷曲甚至枯焦，最后脱落。可用 40%的乐果乳剂 2 000～2 500 倍稀释液，每周喷洒一次，连喷 3～4 次，即可杀灭。

四、水生园林植物的露地栽培

水生花卉（或水生植物）不仅包括植物体全部或大部分在水中生活的植物，也包括适宜沼泽或潮湿环境生长的一切可观赏的植物。它们必须在水中生长，其营养器官拥有高度发达的通气组织，通气组织能源源不断地给植物输送氧气。

（一）水生花卉的分类

水生花卉花朵大而艳丽，茎叶形态奇特，色彩斑斓。将水生花卉合理地配置与点缀，能使人们的生活因蕴含一种自然的魅力而更加丰富多彩。根据水生花卉的生活方式和形态的不同，一般将其分为以下四大类：

（1）挺水型

此类花卉的根扎于泥中，茎叶挺出水面，花开时离开水面，甚为美丽。包括湿生、沼生。它们的植株高大，绝大多数有明显的茎叶之分，茎直立挺拔，生长于靠近岸边的浅水处，如荷花、黄花鸢尾、欧洲慈姑、花蔺等。此类花卉常用于水景园水池岸边浅水处的布置。

（2）浮水型

此类花卉的根生于泥中，叶片漂浮于水面或略高出水面，花开时近水面。茎细弱不能直立，有的花卉无明显的地上茎，根状茎发达，花大美丽。它们的体内通常贮藏大量的气体，使叶片或植株能平稳地漂浮于水面，如玉莲、睡莲、芡实等。这类花卉常位于水体较深的地方，多用于水景水面景观的布置。

（3）漂浮型

此类花卉的根系漂于水中，叶完全浮于水面，可随水漂移，在水面的位置不易控制。这类花卉以观叶为多，如大藻、凤眼莲等，可用于水面景观的布置。

（4）沉水型

此类花卉的根扎于泥中，茎叶沉于水中，花较小，花期短，以观叶为主，生长于水体较中心地带，整株植物沉没于水中，叶多为狭长或丝状。它们的种类较多，如玻璃藻等。

在生活中，较常见的是挺水型和浮水型花卉植物，漂浮型和沉水型花卉则较为少见，后两类多用于净化水质。近年来兴起了在水族箱中养殖热带鱼和水生花卉的花卉栽培方式，尤以沉水型花卉栽培较多。

（二）水生花卉的生长环境

水生花卉生长在过量的水环境中，与陆地环境迥然不同。水环境具有流动性，温度变化平缓，光照度弱，氧含量低。

水环境里光线微弱，然而水生植物的光合作用并不亚于陆生植物。水生植物的叶片通常薄而柔软，叶绿体除了分布在叶肉细胞里，还分布在表皮细胞内，最有趣的是水生植物的叶绿体能随着原生质的流动而流向迎光面，这使水生植物能更有效地利用水中的微弱光来加速生长。黑藻和狐尾藻等沉水植物的栅栏组织不发达，通常只有一层细胞。由于深水层光质的变化，植物体内褐色素增加并呈墨绿色，所以可以增强植物对水中短波光的吸收。对于漂浮植物来说，其浮叶的上表面能接受阳光，栅栏组织发育充分，可由5～6层细胞组成。挺水植物的叶肉分化则更接近于陆生植物。

水环境中缺乏氧气，含氧量不足空气中的1/20。因此，那些漂浮型植物或挺水型植物具有直通大气的通道，如莲藕，空气中的氧从气孔进入叶片，再沿着叶柄四通八达的通气组织向地下根部扩散，以保证水中各部分器官的正常呼吸和代谢。这种通气系统属于开放型系统。沉水植物，如金鱼藻的通气系统属于封闭型系统。金鱼藻的体内既可贮存自身呼吸所释放的二氧化碳，以供光合之需，同时又能将光合作用所释放的氧气贮存起来满足呼吸的需要。

水生植物很容易得到水分，因而其输导组织都表现出不同程度的退化，木质部的退化更为突出。浮水植物的维管束也表现出了退化。

在池塘和湖泊中，可常见到各种浮水植物安静地漂浮于水面。它们借助自身的结构，使叶片浮于水面接受阳光和空气。如水葫芦，它的叶柄基部中空膨大，变成很大的气囊。菱叶的叶柄基部也有这种大气囊，当菱花凋落的时候，水下就开始结出沉沉的菱角。这些菱角本来会使全株植物没入水中，可是就在这个时候，叶柄上长出了浮囊，这就使植物不会完全沉入水中，而且水越深，叶柄上的浮囊就会越大。

千姿百态的水生植物，在长期进化的过程中，形成了许多与水环境相适应的形态结构，它们繁衍不息，从而使水生植物在整个植物类群中占据了一定的位置。

（三）水生花卉的特点

水生花卉为了适应水体环境，在漫长的进化过程中，逐渐地演变成许多次生性的水生结构，以便进行正常的光合作用、呼吸作用和新陈代谢。因此，与陆生花卉相比，它们在植物形态和组织解剖方面，具备了许多特点。

1.排水系统发达

水生花卉依水而生，但体内水分过多则会有害。在多雨季节，气压都很低，植株的蒸腾作用微弱，水生花卉就得依靠由管胞、空腔和水孔组成的分泌系统，将多余的水分排出体外，同时，又让水分和无机盐等营养物质得以继续进入体内，来维持正常的生理活动。

2.通气组织发达

一般水体和泥中的空气比地面上要稀薄得多，含氧量不足空气中的1/20。为了适应水中空气稀薄的环境，水生花卉依靠本身发达的通气系统（由气腔和气道组成），使空气从叶片气孔进入体内，一直到达正在生长的器官。如荷花从叶脉、叶柄到地下茎，直到膨大的藕身中，均有条条气道相通，可让进入植物体内的空气满足水下部分的呼吸和生理代谢的需要。还有，空气进入观赏水草体内后，可产生浮力，使观赏水草的叶片漂浮或直立于水中。

水生花卉的茎和叶柄组织中常存在有隔膜，它除具有通气、防水和支持等作用外，还可能是营养物质和代谢产物的短期贮藏场所。

3.将叶片及时送出水面

水生花卉大部分属维管束植物，其叶片必须在水面上才能进行光合作用。为了适应水生环境，挺水型花卉中的荷花、香蒲、菰草、慈姑等，都具有很长的叶柄或叶鞘，能及时将叶片送出水面；而浮叶花卉中的睡莲、玉莲、荇菜等，则具有细长的叶柄或茎蔓，同时，在叶柄或叶片中生有气囊或气腔，它们内藏空气，使自身的浮力增加，从而保证叶片浮于水面。

4.机械组织弱化

有些水生花卉（如浮水、浮叶及观赏水草）的茎及叶柄沉入水中，不需要强硬的机械组织来支撑植株的整体。因此，机械组织弱化，植株体也较软弱。

5.根系不发达

水生花卉的根系在水中或充分湿润的泥沼中吸收水分和矿物质较省力，因此，在长期的系统发育中，根系并不发达，根毛也已退化。对观赏水草来说，根系和根毛只能起到固定整株植物的作用。

6.花粉传授变异

水体环境的特殊性，使某些观赏水草为了满足传授花粉的需要，产生了特有的适应性变异。大部分观赏水草（如黑藻、苦草、金鱼藻等）都具有特殊的有性生殖器官，以水为传粉媒介。

7.营养繁殖普遍

水生花卉的营养繁殖能力非常强，特别是有些观赏水草，如茨藻、黑藻、凤眼莲等。它们的分枝断掉后，每个断掉的小枝又可以长出新的植株；又如，苦草、菹草等，在入冬之前沉在水底，越冬时就形成了冬芽，翌年春季，冬芽又萌发成新的植株；再如，红树林植物的种子在果实还没有离开母体时，就开始萌发，并长成绿色棒状的胚轴，悬挂在母树上，不久落入泥中，数小时后就可长成新株。一些珍稀的水生花卉品种也可以进行组织培养。因而，这种繁殖快且多的特点，对水生花卉保持种质特性、防止品种退化都是有利的。

（四）水生花卉的栽培技术要点

1.选择适宜的栽培种类或品种

水生花卉的种类繁多，不同的种类或品种，对环境的要求不同，其形态、观赏效果、栽培难度都不相同。栽培时，首先，要遵循"适地适物种"的原则，选择在当地适生的种类和品种栽培。例如，睡莲就有热带品种与耐寒品种之分。其次，要根据各种观赏、配置的要求，选择观赏价值高、与周围环境相协调的种类，采用良种壮苗栽培，以取得较好的景观效果。最后，选择栽培种类时，还要考虑栽培技术、资金投入、管护等方面的问题。

2.选用适宜的繁殖方法

水生花卉的繁殖方法可分为播种繁殖和无性繁殖两种。大多数水生花卉都可以用分株、分地下茎等方法进行无性繁殖。

（1）播种繁殖

水生花卉一般在水中播种，将种子播入有培养土的盆中，盖上沙或土，将盆浸入水中，水温保持在 18～24℃，有利于种子发芽。有些种子，如莲子、玉莲，种壳坚硬，可用剪刀或小刀将种脐的脐剔除或剪破，放入有水的浅盆中催芽后，再播种。鸢尾的种子可采用冰冻或低温的方式进行层积处理，以解除种子休眠的状态，促使种子发芽。

（2）无性繁殖

水生花卉大多数植株成丛或有地下根茎，可采用分株、分地下茎(将根茎切成数段)、扦插、压条等方法进行栽植。无性繁殖一般在春秋季节进行，也可进行组织培养。

3.确定栽培方式与方法

水生花卉必须生活在水中，生产中有容器栽培和湖塘栽培两种。

（1）容器栽培

栽培水生花卉的容器有盆、缸、碗、桶等。栽培时，要根据栽培品种的植株大小来确定栽培容器的大小。荷花、水葱、香蒲等较大的植株，可用缸或大盆（高 60～65 cm，盆口直径 60～70 cm）栽种；睡莲、再力花、风车草等较小的植株，可用中盆（高 25～30 cm，盆口直径 30～35 cm）栽种；碗莲、小睡莲等小型的植株，可用碗或小盆（高 15～18 cm，盆口直径 25～28 cm）栽种。

容器中的土壤可使用塘泥、草炭等。无论哪种容器，泥土只要装满容器的 3/5 即可。栽培时先栽秧苗，后掩土灌水。开始时水要浅一些，随着植物的生长再逐渐加深水位。

在容器中对水生花卉进行无土栽培具有轻巧、卫生、观赏价值高等特点，市场前景较好。无土栽培的关键是基质的选择和营养液的配方。

（2）湖塘栽培

自古以来，我国人民就有在湖泊（或池塘）种植、观赏水生花卉的习惯。湖泊（或池塘）水面宽阔，种植水生花卉能产生良好的观赏效果。在一些有湖泊（或池塘）的公园、风景区常种植水生花卉来布置园林水景。荷花、睡莲、玉莲、凤眼莲、满江红、美人蕉等植物都是常用的园林水景花卉植物。

在湖泊（或池塘）中种植水生花卉时，要考虑水位因素。冬末春初，大多数水生花卉处于休眠期，雨水也少，种植时可放干水，按设计好的位置、密度、种类及搭配进行种植。对玉莲、荷花、美人蕉、再力花等忌水深的水生花卉的种类或品种，可用砖砌的方式抬高种植穴。

面积小的水池，可先将水位降到 15 cm 左右，然后用铲子在种植处挖成小的栽植穴进行种植；若水位很高，则采用围堰填土的办法来种植。种植荷花时还可以用编织袋将数枝苗装在一起，扎起来，再加上石、砖等坠物，抛入湖中。

无论是容器栽培还是湖塘栽培，大多数水生花卉可用小苗、地下茎、分生植株进行栽培。有的水生花卉可直播栽培，如香菱；有的水生花卉需要植苗栽培，如芡实、玉莲、荷花等。

4.栽培管理

水生花卉的栽培管理主要有以下几个方面：

（1）施肥

一般来说，只要泥土肥沃，各种水生花卉都能正常生长发育。但若泥土贫瘠，则需施足底肥；若营养不良，则植株会出现早衰现象；若肥料过多，则植株又会出现徒长现象。因此，水生花卉在进行栽培管理时要做到合理施肥。

一般可根据叶片的颜色、水生花卉生长情况等，确定施肥的种类和数量。在水生花卉含苞前后，若叶片发黄，可施少量速效复合肥。

（2）灌水

水生花卉是赖水而生的植物，失水则很快就会出现萎蔫；水位太深，也会导致其发育不良。因此，在水生花卉的生长过程中，灌水是不可忽视的环节。特别是在容器中栽培的水生花卉，在炎热的夏季，更应注意水分的管理。

（3）清理

在庭园水池中，若存在少量野生水草，能增加自然景观；若水草太多则给人荒芜的感觉，甚至会影响水生花卉的生长和景观效果。所以，每年夏季要割除、清理野生水草1～2次。栽种的水生花卉，年久也会广泛蔓延，每2～3年需挖起重栽或清除一部分。水下种植床中的水生花卉和花坛花卉一样，每年有1～2次换季，要进行残花败叶的剪除工作。

（4）越冬

栽种在容器中的水生花卉，如为不耐寒的品种，冬季则需连缸搬入室内保护越冬，入春解冻后再重新搬到室外或放入水体中。

第二节 园林植物的设施栽培

一、盆花栽培

盆花栽培是较常见的设施栽培。下面以常见的盆栽园林植物为例，从形态特征、生态习性、繁殖方法、栽培管理等方面展开论述。

（一）君子兰

君子兰又名大花君子兰，石蒜科，君子兰属，是多年生常绿宿根草本花卉，原产于南非。大花君子兰叶色浓绿光亮，花大而艳，植株端庄秀丽，是优良的花叶兼赏盆花。

君子兰花鲜叶翠，果实累累，叶、花、果皆美。叶态优美，高洁端庄；开花时绿叶、红花相映，仪态雍容。开花时正值新春佳节，是布置大厅、会场或装饰居室的佳品。

1.君子兰的形态特征

君子兰根肉质，叶基生，两列状交互迭生，叶基部紧密抱合成假鳞茎，叶片浓绿，革质，有光泽，呈宽带状，先端圆钝，全缘。花茎从叶丛中抽出，扁平，肉质，实心，长 20~40 cm。顶生伞形花序，着花数朵至数十朵，花被 6 片，花冠呈漏斗状，花色有橙黄、橙红、鲜红、深红等，花期为 1~5 月。君子兰的果实为浆果，近球形；成熟时先由深绿色变浅红色，最后呈紫红色；每个果实有 1~8 粒种子。

君子兰的特点为叶片宽、短、厚、挺、色深、光亮、脉纹明显、叶顶圆钝；花葶粗壮；花大、色艳。

同属的还有垂笑君子兰和细叶君子兰。垂笑君子兰叶片较窄而长，叶缘粗糙，花半开、下垂，花期为夏、秋季，在我国广泛栽培；细叶君子兰叶窄，呈拱状下垂，花期为冬季，在我国很少栽培。

2.君子兰的生态习性

君子兰原产于南非山区，多生长在森林下。君子兰喜温暖，怕高温，不耐寒，生长适宜温度为 15~25℃。10℃以下生长迟缓；5℃以下则处于休眠状态；0℃以下会受冻害；30℃以上叶片徒长，花葶过长，会影响观赏效果。

君子兰喜半阴，忌烈日，生长过程中不宜强光照射，因此，在夏季应置于隐蔽处养护。君子兰喜土壤湿润，忌积水久湿，较耐干旱，不耐湿，生长期间应保持环境湿润，空气相对湿度应保持为 70%~80%，土壤含水量以 20%~40%为宜，切勿积水，以免烂根。

君子兰喜肥，忌浓肥和生肥，要求盆土为富含腐殖质、疏松肥沃、排水和透气良好的沙质培养土。从 10 月至翌年 4 月为君子兰的生长期。

3.君子兰的繁殖方法

君子兰的繁殖方法一般为播种繁殖和分株繁殖。君子兰不易自花授粉，需进行人工授粉才能获得种子。

（1）播种繁殖

播种繁殖宜于秋季种子成熟后（一般为 11 月）或早春 2~3 月进行，剥出种子稍晾后点播于盆内。播种基质可用纯沙，或用腐叶土和沙等量混合，播种前应将基质进行消毒。播种时将种子点播于基质中，种脐朝向土面的侧下方，以利于出苗。种子间距为 2 cm左右，点播后覆土 1~1.5 cm。保持盆土湿润，温度保持在 20~25℃，40 d 左右发芽出苗。待幼苗长出 2 片真叶时即可上盆培养。经过 4~5 年的精心养护，便可抽箭开花。

（2）分株繁殖

分株繁殖宜在春季 3~4 月结合翻盆进行。一般在蘖芽高 15 cm 左右、长出 5~6 片真叶，并有一定数量的独立根系时分株。这时植株本身已形成完好的根系，分株后生长较快，一般2年后即可开花。如果分蘖苗过小，分株后生长缓慢，则需3～4年才能开花。分株时，将植株从花盆中全部取出，去掉根土，用刀切下带根蘖芽，切口蘸草木灰防腐，稍晾至切口略干燥时，上盆栽植。

4.君子兰的栽培管理

君子兰的栽培管理要注重培养土的配制、浇水、施肥、温度管理、光照管理和病虫害防治等方面的问题。

（1）培养土的配制

培养土的配制要达到疏松、肥沃、透气、利水等要求。配制时将6份腐叶土、2份堆肥土、1份炉渣（或河沙）、1份饼肥混合均匀配成培养土；也可以将7～8份草炭，2～3份河沙（或珍珠岩）混合配制成培养土；或用7份腐叶土、2份河沙、1份饼肥混合配制成培养土。

（2）浇水

君子兰有发达的肉质根，能贮存较多的水分，因此有一定的耐旱性。在生长期应保持环境湿润，但盆土湿度不宜过大。为防止烂根，应待盆土表面干燥时再浇水。一般小盆小花、气温高、通风好、蒸发快、土壤透气好的盆栽宜多浇，反之，要少浇。一般苗期与开花期需多浇水，春、夏季浇水宜多，秋、冬季浇水宜少。夏季高温时，每天向叶面和地面喷水以增加空气湿度，并加强通风。冬季盆土宜稍干燥，应控制浇水，但1月是花箭抽出的时期，应满足植株对水分的要求，以保证花箭顺利抽出。

（3）施肥

君子兰喜肥，但施肥过量会造成烂根。在君子兰的生长期，每隔15d左右追施稀薄液肥一次，以发酵腐熟的饼肥为好。1月是花箭抽出的时期，此期应追施2～3次以磷为主的液肥，以促使花繁色艳。夏季高温，君子兰会停止生长，所以应停止施肥。

在春、秋、冬三季，可经常结合浇水追施液肥，施用发酵好的油渣水或复合化肥水，10～15d施一次肥水。化肥的施用浓度在0.1%～0.3%，油渣水的施用浓度为15%～20%，浓度不宜过大，否则植株易受肥害。一般秋季应施以氮为主的肥料，如饼肥水或化肥，以利于叶片的生长；冬春季节则应多施些以磷、钾为主的肥料，如磷酸二铵、骨粉等，以利于叶脉的形成和亮度的提高。此外，还可用0.1%磷酸二氢钾或0.5%过磷酸钙等喷洒叶面，10d左右进行一次喷洒，可使幼苗快速生长，有利于花芽分化，多开花，花大、花艳。

（4）温度管理

君子兰喜温暖，怕炎热，一般在冬春两季，白天室温保持在15～20℃，夜间温度以10～15℃为宜。不同生育期要求的温度不同，播种育苗期温度达25℃时出苗快，出苗率高。幼苗期时，温度保持在15～18℃有利于蹲苗；抽箭阶段温度应高些，可维持在18～20℃；开花期时，温度降到15℃左右则可延长花期。适宜的昼夜温差为7～10℃。天气干热时，应向盆周围地面洒水以增加湿度、降低温度。

（5）光照管理

君子兰属半阴性观赏植物，喜半阴环境，早春、晚秋和冬季的光照对君子兰的开花结果极为重要。君子兰的光照与温度有一定关系。在高温季节应遮阳养护；秋、冬、春三季温度在20℃以下时，需充足光照，温度在20℃以上时宜稍遮阳，即只在中午遮阳；温度超过25℃时宜全遮阳，并在庇荫的通风环境下养护。为使叶子排列整齐美观，应使叶子的方向与光照方向平行，并每隔7～10 d转盆180°，将植株培养成"侧看一条线，正看如扇面"的株型。

君子兰开花前如遇低温、光照不足或水分失调的情况，会出现"夹箭"现象，即欲出而抽不出。因此，在君子兰开花前应细致养护。

（6）病虫害防治

炭疽病是君子兰常见的病害之一，感病初期，叶片上产生淡褐色小斑，随着病害的扩散，病斑扩大并产生轮纹，后期产生许多黑色小点粒。可用50%多菌灵800倍液或70%甲基硫菌灵1 000倍液进行喷雾防治。

（二）仙客来

1.仙客来的形态特征

仙客来的地下球茎呈扁球形，肉质，底部密生须状根。它地上无茎，叶自球茎顶部生出，呈心脏状或卵形，叶缘具细锯齿，叶面为深绿色且有灰白色斑纹，叶背为暗红色。叶柄为肉质，较长，紫红色。花梗自叶丛中抽出，肉质，紫红色，高15～25 cm，顶生1花。它的花单生，花朵下垂，花萼5裂，花瓣5枚，基部联合成短筒状，开花时花瓣向上反卷，边缘光滑或带褶皱。它的花色丰富，有白、粉、大红、紫红、玫瑰红等色，有单色和复色。它的花型主要有平瓣型、皱瓣型、重瓣型、毛边型等。有些品种开花时有香气。它的花期为11月至翌年5月，蒴果为球形。种子为褐色，呈圆形。

2.仙客来的生态习性

仙客来喜凉爽、湿润及光照充足的环境，怕烈日，忌高温，不耐寒，在秋、冬、春三季生长，夏季休眠。它的生长适宜温度为 $16\sim20℃$。仙客来的生长温度不应低于 $10℃$，当气温在 $10℃$ 以下时花易凋谢；当气温高于 $30℃$ 时，植株会进入休眠状态；当气温超过 $35℃$ 时，植株会受热腐烂，甚至死亡。

仙客来喜疏松、肥沃、排水良好、富含腐殖质的中性土壤。

3.仙客来的繁殖方法

仙客来主要用种子播种繁殖。要想培养良好的仙客来植株，选用优质的种子是一个重要因素。要想获得优质的种子，应先进行同品种不同植株间的人工辅助授粉，再选择生长健壮、花色鲜艳、花瓣向上的植株进行授粉。将选好的植株置于阳光充足、通风良好的环境中，精心养护它，不宜让植株受阳光直射，注意遮阳降温，浇水不宜过多，应使盆土略干。授粉应在开花后 $2\sim3$ d，9：00～11：00进行，授粉后若花梗向下弯曲，说明已受精。从授粉受精到种子成熟，约需 3 个月的时间，所以，授粉应在 12 月至翌年 2 月进行，以便在夏季高温来临之前，种子能正常成熟。仙客来的种子成熟时，其果皮呈暗褐色，可随时采收。

在 $9\sim10$ 月播种仙客来，宜选用大粒种子，按 $1.5\text{ cm}\times1.5\text{ cm}$ 的株行距点播于浅盆中，覆土 $3\sim5$ mm。播后用浸盆法补充水分，在盆面上覆盖塑料薄膜，保持盆土湿润，将其置于阴处。温度以白天不高于 $25℃$、夜间不低于 $15℃$ 为宜。温度应保持在 $18\sim22℃$，$35\sim40$ d 可发芽成苗。

仙客来的种子发芽迟缓，出苗不齐，为了提早发芽，促使出苗整齐，可进行浸种催芽。首先用冷水浸种一昼夜或用 $30℃$ 温水浸泡种子 $3\sim4$ h，然后清洗掉种子表面的附着物，将种子包在湿布中催芽，保持 $25℃$ 的温度，放置 $1\sim2$ d，待种子萌动即可取出种子并播种，播种后约 20 d 可出苗。幼苗出齐后，可逐渐除去覆盖物。

4.仙客来的栽培管理

仙客来应按季节及其生长情况进行相应的栽培管理。

（1）春季管理

仙客来长出 1 片真叶时，应开始分苗，带土分栽在浅盆或浅木箱中，苗的株行距为 $3\text{ cm}\times3\text{ cm}$，深度以土球与土面齐平为宜。待其恢复生长后，喷浇一次 0.1% 的尿素液加 0.1% 的磷酸二氢钾溶液，以促进幼苗生长和根系发育，增强抗性。在其长出 2～3 片真叶时，进行第二次分苗，苗的株行距为 5 cm×5 cm，深度以球茎露出土面 1/2 为宜。缓苗后，每 10 d 左右施一次 10%的腐熟油渣液肥。当幼苗长至 4～5 片叶时，开始栽入盆口直径为 10 cm 的盆中，深度以球茎露出土面 2/3 为宜。培养土用 4 份腐叶土、3 份园土、2 份河沙、1 份有机肥混合配制而成，移植后要浇透水，将其置于阴处，保持环境湿润，待恢复生长后即可进行正常的养护管理。

在仙客来幼苗初期的 3～4 个月，宜在光照充足、土壤湿润、15～20℃的条件下养护，每 7～10 d 可施一次 10%的腐熟有机液肥。

（2）夏季管理

要想让仙客来在冬季开花，则须保证其在夏季不能停止生长。仙客来应在湿润、通风、阴凉的环境下养护，且温度不应高于 28℃。当气温超过 28℃时，叶片逐渐变黄凋萎，仙客来会停止生长，进入休眠或半休眠状态。当日平均气温达到 25℃时，应移至阴凉、通风、避雨处，每天向地面喷水，以降低温度。此时盆土以湿润为佳，不宜过干过湿。浇水一般在每天早晨 8：00 前进行，用存放 1～2 d 的水为佳。夏季应控制施肥，5 月以后气温开始升高，应减少施肥量，10～15 d 追一次肥，用浓度为 10%～15%的腐熟有机肥或浓度为 0.1%～0.2%的氮磷钾化肥。6 月中旬至 8 月中旬停止施肥。

（3）秋季管理

8 月下旬，随着气温的逐渐降低，可恢复对仙客来的施肥、浇水，可每隔 10 d 施一次浓度为 15%～20%的腐熟饼液肥。到 9 月时仙客来逐渐进入旺长期，应及时将其换栽在盆口直径为 15 cm 的花盆中。盆底先放入约 2 cm 厚的粗培养土中，以利于透水，再加入培养土。换盆时应去掉根周围的旧土和烂根残叶。栽植深度以球茎露出土面 1/3 为宜，可使叶柄长短适中，叶片生长匀称，花梗挺直。若栽植过浅，球茎露出过多，则叶柄短壮，球茎生长缓慢且易皲裂。换盆后浇透水，保持其生长环境湿润。要使花叶整齐，这一时期应注意保持盆土湿润，忌干旱脱水。若出现脱水现象，花芽易萎缩，以后形成的花芽也会出现发育迟缓、花期晚、开花少的现象。之后可逐渐撤去遮阳物，使光照充足，以促进植株健壮生长。此时期应增加磷、钾肥的用量，减少氮肥的用量，每隔 7～10 d 施一次 0.1%～0.3%的氮、磷、钾复合液肥，施肥时，注意不要让肥液淹没球顶。

（4）冬季管理

除按正常的管理进行施肥、浇水外，还应于 11 月上旬追施一次充分发酵腐熟的饼肥或其他优质有机肥，每盆施肥 50 g，撒于盆面并松土，使肥、土混合，随后浇水。

仙客来 12 月开始开花，开花期应停止施肥，浇水也不宜过多，以延长花期。只要对仙客来的水肥管理得当，一年生苗可开花 40～50 朵。开花三年的老株，长势变弱，越夏困难，叶片变小，开花少，花小，观赏价值降低，一般应更换新的幼株。

仙客来的常见病害有灰霉病、软腐病、病毒病等。平时对其应加强养护，控制水分，湿度不宜过大，保持通风透光良好，防止病害的发生；出现病害后，应及时用 75%百菌清 500 倍液或 50%硫菌灵 1 000 倍液进行喷雾防治。

二、切花栽培

切花在花卉产业中占有相当重要的地位。在国际花卉贸易总额中，鲜切花贸易占 60%，盆栽花卉贸易占 30%，其他观赏植物贸易占 10%。根据消费特点，切花生产需要满足国庆节、圣诞节、元旦、春节、情人节等节日的供花需求。因此，绝大多数切花都要进行促成栽培，促成栽培需要有相适应的栽培设施与栽培技术。同时，为了调节市场供应，还要建立鲜花贮藏与运输设备。

用于切花栽培的主要花卉有月季、菊、唐菖蒲、香石竹、百合，这些花卉常被称为"五大切花"，是国际切花市场生产的主流。

切花栽培首先必须了解栽培植物的生育性状，从而采取合理的技术措施，改变自然环境，满足切花产品的生长发育要求，以达到高质、高产、适时供应市场的目的。

下面以月季和菊为例，对切花栽培展开论述。

（一）月季

1.月季的植物学特点

月季是蔷薇科蔷薇属的常绿或半常绿灌木。目前普遍栽培的是近 200 多年来经过多次杂交育种培育而成的园艺杂种，在花卉学上被称为现代月季。现代月季按亲本来源与生育性状可分为杂交茶香月季、聚花月季、壮花月季、藤本月季、微型月季五大类。用于切花栽培的主要是杂交茶香月季。这个种群是四季开花的单花月季，花枝顶端一般只有顶芽孕花。它的花径在 10 cm 以上，最大的花径可达 15 cm，多数为重瓣花，生长势旺盛。

2.月季的生长环境

月季喜日照充足、空气流通、排水良好的环境。多数品种最适宜的生长温度为白昼

18～25℃，夜间 10～15℃。若气温超过 30℃，则生长停滞，开花小，花色暗淡。若夏季连续 30℃以上高温，并处于干旱情况下，植株则会进入半休眠状态。冬季气温低于 5℃时开始休眠。茎秆在露地时可耐-15℃低温。

月季喜肥，适宜栽植于肥沃疏松的微酸性土壤中，生长期需要充足的肥水补给。月季较耐旱，忌积水。大棚与温室栽培月季，空气相对湿度要求控制在 70%～80%，若湿度过高，则容易罹病。

3.月季的花芽分化与开花

月季的花芽分化对日照长度与春化低温等条件没有严格的要求。只要生长温度适宜，新梢生长健壮，在新梢顶端就能形成花芽。通常在新梢上长度为 4～5 cm 时，顶芽开始花芽分化；也有品种在新梢上长度为 1 cm 时已开始分化。萌芽后 2 周内为花芽分化始期，再经过 4 周左右，可以完成花芽分化的整个过程。

月季的花芽分化受枝条的营养状态与气温的影响。一般在主枝上新萌发的枝条营养充分，生长势强，有利于花芽分化。花芽分化的适宜温度为 16～25℃，且在 17～20℃时花芽分化最佳。在 25℃以下时，温度越高花芽分化速度越快。当温度降到 12℃以下时，花芽分化受阻，出现畸形花或休眠芽的比例增多。当温度高于 25℃时，花瓣数减少，容易出现露心花。

为保证切花质量，切花月季的栽培树龄通常为 4～8 年，多数月季种植 5～6 年后即需要进行更新。

4.切花月季的栽培管理

（1）种植

在南方地区，切花月季的定植宜采用高畦栽培；在北方地区，为灌水方便、有效利用日光温室空间，大多采用低畦栽培。为使栽培床受光均匀，栽培床宜用南北向畦，畦宽为 60～70 cm，每畦种植 2 行，行距为 35～40 cm，株距为 20～25 cm。

月季栽植全年都能进行，但最佳时期是月季的休眠期。裸根苗可在早春新芽萌动前定植；绿枝苗带土球，可在 6 月前定植。这样经过一段时间的生长，有望在秋季开始采花。

切花月季种植前要检查苗的质量，如嫁接苗的接芽是否良好，接口绑扎带是否已经解开，根系发育是否良好，有无病虫危害。在剔除劣苗后，集中喷洒杀菌剂防病。它的种植深度以嫁接苗的接口露出地面 1～2 cm 为宜，种植后将植株周围土壤压紧并浇水，使根与土壤紧密结合。早春新苗定植后，在生长初期要控制室温在 10℃以下，使地温高于气温，以利于根系发育，约一个月后，室温控制在 20℃左右，以促进植株生长。

（2）整枝修剪

切花月季的整枝修剪是贯穿于整个切花生产过程中的重要环节，直接影响切花的产量与质量。整枝修剪的目的是通过摘心、去蕾、抹芽、折枝、短截等方法，增强树势，培育采花植株骨架，促进有效切花枝的形成与发育。

切花月季的整枝修剪的具体步骤如下：

第一，幼苗整枝。

幼苗定植后的主要任务是形成健壮采花植株骨架，培育切花主枝。接芽萌发后，待有 5～6 片叶时摘心，促使侧芽发梢，接着可选择 3 个粗壮枝留作主枝，主枝粗度要求达到 0.6 cm 以上，然后将主枝再度修剪。栽植后，当年秋季可以开始采花。

第二，成年植株夏季修剪。

一般在 7～8 月高温期（这时期植株生长缓慢，切花质量下降，销售价格低迷）时进行植株调整，为秋冬期出花作准备。但夏季气温高，植株生长还有一系列的生理活动，如果采用冬季回缩修剪的高强度短截，会对树体造成过度伤害，不利于秋季恢复生长。因此，主要采取捻枝与折枝的办法，培育新的骨架主枝，保证秋、冬、春三季的采花数量与质量。

切花月季一年中根据最高经济效益进行整枝修剪的大体规律为 1～2 月整枝，在 3 月中下旬出早春花；8 月整枝，9～10 月出秋花；10 月整枝，在翌年元旦、春节出冬花。

第三，切花枝的修剪。

切花枝的修剪除考虑切花长度外，还应重视剪切对植株后期产量的影响。通常合理的切花剪切部位应该在枝条基部具有 2 枚 5 片小叶的节位以上剪切，这有利于节位上新枝的发生与发育。剪切时，原枝条留叶量的多少，与下次产花的间隔日数及花枝长度等相关。

第四，整枝修剪的日常工作。

在切花月季的管理中，不仅要在生长周期内进行复壮更新和修剪，而且在正常的采花情况下，也要做好如下工作：及时剥除开花枝上的侧芽与侧蕾；及时去除砧木萌发的脚芽；及时剪除并烧毁病枝、病叶；及时对弱枝摘心、短截，保留部分叶片，根据着生位置决定疏剪或留作营养枝；注意整株树体的均衡发展，考虑主枝分布与高度的均衡。

（3）肥水管理

要根据切花月季生长阶段对水分、天气、土壤含水量的要求，决定灌水次数与灌水量。通常在月季抽梢、朵蕾、开花期，需要补充足够的水分。在修剪前适当停止浇水以控制其生长；修剪后，为促进芽的萌动又需要及时补水。浇水不宜过多，要求土壤干湿交替，以促进根系生长，冬季温室生产要避免灌水过度而降低地温，避免因室内空气湿度高而诱发病害。

切花月季的年生长量大，每年采花6～7次，因此需要大量养分的补给，除施足基肥外，一般在采花后及夏休、冬眠时都要设法追肥。为促进花芽形成与花蕾发育，要避免过多施用氮肥，应重视磷钾肥的供给，通常采用低氮高钾的营养配方，常用氮、磷、钾的配比为1∶1∶2或1∶1∶3。

（4）病虫害防治

大棚与温室栽培的切花月季，由于栽培环境湿度较大，容易诱发白粉病与霜霉病；露地栽培在5～9月易发生黑斑病。在管理上，除对栽培环境采取通风、降湿等措施外，还可以每隔10 d左右喷一次硫菌灵、多菌灵、百菌清等杀菌剂进行防治。

切花月季常见虫害有叶螨（红蜘蛛）、蚜虫等，可选用克螨特、杀螟硫磷等进行防治。

5.切花月季的采收与贮藏

切花月季的采收标准是花瓣露色，萼片向外折到水平状态，外围花瓣有1～2瓣向外松展。采收通常在早晨与午后进行，气温较高时每天采收2～3次，采收既要考虑切花的质量，又要考虑后续的采花环节，因此在花枝上切口时，应该在花枝基部保留5枝小叶的2个节位。剪切后要除去切口以上15 cm的叶片与表皮刺瘤，每枝切花的留叶量为3～4枚。

我国相关的月季切花质量标准将商品切花分为4个等级：一级切花应枝条均匀、挺直，花枝长度在65 cm以上，无弯茎，单枝重40 g以上；二级切花花枝长度在55 cm以上；三级切花花枝长度在50 cm以上；四级切花花枝长度在40 cm以上。切花月季分级后要绑扎成束，一级切花每12支一束，二、三级切花每20支一束，四级切花每30支一束。

绑扎后的花束应立即插入清水或保鲜液内，在2～4℃的低温库贮藏。

（二）菊

菊是菊科，菊属，多年生宿根植物，为我国原产的传统名花，对它的栽培有 3 000 多年历史。约在公元 4 世纪传入朝鲜，后由朝鲜传入日本，1688 年传入欧洲。在 18 世纪中叶，欧洲开始利用温室进行菊的切花生产，并通过杂交培育出许多适应切花栽培特点的优良园艺栽培种。

1.菊的形态特征

切花栽培的菊苗大多是扦插苗或组培苗。幼苗由茎节部位长出次生根，根的寿命通常为一年，随着茎的衰老逐渐死亡。

菊的茎有地下茎与地上茎两种生长形态，地下茎在土层内呈匍匐状横向生长，地上茎在芽出土后呈直立生长，高 60～200 cm。作为切花品种，一般株高要求达到 80～150 cm。

菊的花是一个头状花序，一般由 300～600 朵小花组成。切花栽培根据头状花序的大小，分为单枝大花型和多头小花型。国内与日本生产的切花菊主要是单枝大花型，花枝顶生单花，花序直径为 10～15 cm；欧美盛行多头小花型，一枝多花，花径为 5 cm 左右。

2.菊的生长习性

菊适应性强，喜阳光充足、地势高燥、通风良好的生长环境。菊的栽培要求采用富含有机质、肥沃疏松、排水良好的沙质土壤，土壤的 pH 以 6.2～6.7 为好。

菊的生长发育适应的温度范围为 15～25℃，最适宜的生长温度在白天为 20～25℃，在夜晚为 16～18℃。气温在 32℃以上菊的生长会受到影响，在 10℃以下生长缓慢。地上茎可耐 0℃低温，地下茎可耐-10℃低温。

菊的大部分品种为短日照植物，只有在每昼夜日照长度少于 12 h 时才能开花。不同品种开花时期的长短受日照影响的程度不同，因此，栽培切花菊必须了解品种对光周期反应的特性。

3.菊的花芽分化与开花

菊的花芽分化受到光照、温度、营养条件与不同品种特性的影响。大多数自然花期在秋季的菊，在每天日照短于 12 h、夜间温度处于 15℃左右的条件下花芽开始分化。自然花期在夏季的菊，幼苗期需要经过一个低温期才能开花，切花生产夏菊时，常于幼苗阶段、3～7℃的条件下处理 3 周，诱导开花。

4.切花菊的分类

切花菊在生产上常按自然花期早晚进行分类。在国内，根据菊花对日照长度的反应与对温度的反应把菊花分为以下四个类型：

（1）夏菊

在温暖地区，夏菊的自然花期为 4 月下旬至 6 月下旬；在冷凉地区，夏菊的自然花期为 5 月上旬至 7 月。夏菊的花芽分化对日照长度不敏感，但对温度十分敏感，所以通常情况下，夜间温度在 10℃左右时，夏菊能很快形成花芽，而高温会抑制花芽的发育。夏菊从花芽分化到开花的时间较短，适合在春季与初夏用来做切花栽培。

（2）夏秋菊

夏秋菊的自然花期在 7～9 月。夏秋菊对日照长度的反应一般表现为中性。夏秋菊在花芽分化期的适宜温度比夏菊高，一般要求在 15℃以上，从花芽分化到开花的反应周期为 7～9 周。常做切花的夏季栽培。

（3）秋菊

秋菊的自然花期在 10～11 月。秋菊对日照长度反应有明显的短日性特征。秋菊除了作季节性生产，还可以通过遮光、补光措施缩短或延长日照，加长切花生产周期。

（4）寒菊

寒菊的自然花期在 12 月以后。寒菊属短日类型，一般从花芽分化到开花需 90～105 d，切花生产通过延长光照可使花期推迟到 3～4 月。

5.切花菊的生产管理

切花菊的生产管理应做好以下七个方面的工作：

（1）种植前的土壤准备

菊花栽培要求有 3～4 年以上的轮作，栽培土壤要求含有丰富的有机质，且排水与通气状况良好，通常采用深沟高畦的方式，畦高应达到 20～30 cm。

（2）定植

切花菊栽培分为独本菊栽培与多本菊栽培两种方式。独本菊栽植后只留顶芽开花，每株着花 1 枝；多本菊栽植后进行摘心，促进侧芽萌发，每株保留 3～5 枝花。独本菊在 1 m 宽的畦上，采取宽窄行定植，每畦种植 4 行，宽行行距为 40 cm，窄行行距为 10 cm，株距为 5 cm，每平方米栽培约 60 株；多本菊在 1 m 宽的畦上种两行，株距为 10 cm，每平方米约种 20 株。切花菊的定植苗，一般苗龄为 25 d 左右，具 6～7 片真叶。

在通常情况下，切花菊的春季栽培在 12 月至翌年 2 月，夏季栽培在 3～4 月，秋季栽培在 5～7 月，冬季栽培在 7～8 月。

（3）摘心与除蕾

多本菊生产在定植后，菊苗恢复生长时就应摘心，以促进分枝。摘心一般在定植后 10～15 d 进行，每株摘心后，保留最下部 5～6 叶。摘心后侧芽很快萌发，每株留 3～5 枝。当菊苗现蕾后，要进行除侧蕾的工作，以保证花形丰满、整齐。对于独头型品种，可将主蕾以下的侧蕾全部剥除。对于多头型品种，为使顶部花蕾生长一致，整枝花朵均匀丰满，可适时摘除中央花蕾。

（4）肥水的管理

切花菊在整个生育期内，需要大量的养分供给，基肥要充足。在生长前期以施氮肥为主，促进营养生长，使其基秆健壮，叶片均匀茂盛，并达到切花要求的高度。在生长后期要增加磷钾肥，使花与叶协调，花大色艳。现蕾后可用 0.1%～0.2% 的尿素与 0.2%～0.5% 的磷酸二氢钾进行根外追肥。切花菊的要求是保持土壤湿润，切忌过干过湿，不宜漫灌与沟灌。

（5）拉网防倒伏

切花菊茎秆高，叶茂盛，生长期长，易倾斜倒伏，影响花枝品质。为保证枝干直立、分布均匀、生长整齐，要在畦边设立支柱、畦面拉网以固定花枝。一般网眼为正方形，每方格边长 25 cm，当株高 30 cm 时，将网拉于植株顶部，使枝梢自网眼中伸出，平均每眼有 2～3 枝花，之后随植株生长，在 60～70 cm 高度处再拉一道网。

（6）生长调节剂的应用

在菊的切花栽培中可以利用赤霉素与丁酰肼等生长调节剂，以提高切花的商品价值。通常在小苗成活后用浓度为 5 mg/L 的赤霉素喷洒一次，3 周后再用浓度为 25 mg/L 的赤霉素喷洒一次，可以增加菊的茎秆高度。在花蕾直径有 0.5 cm 时用毛笔将浓度为 500～2 500 mg/L 的丁酰肼涂于花蕾，能有效降低切花菊的花茎长度。对一些易徒长品种，当出现徒长现象时也可使用丁酰肼调节花茎高度。

（7）病虫害的防治

切花菊的病虫害主要是白粉病与蚜虫。白粉病的危害表现如下：叶背有白色小点，并逐渐增大，呈圆形或椭圆形，之后叶面出现淡黄色，卷曲向上，整叶变黄褐色。在温室栽培、高温、高湿、不通风的环境下，容易发生白粉病。因此管理上要加强室内通风，从发病前 10 d 开始，每周喷洒一次 800～1 000 倍代森锌，或用 1 000 倍液的甲基硫菌灵防治。菊的蚜虫主要是菊蚜、桃赤蚜、棉蚜等，室内温湿度越高，虫害越严重，可喷洒拟除虫菊酯、抗蚜威等药剂防治。

6.切花菊的花期调控技术

切花菊的花期可通过遮光或补光来控制。例如，采取遮光措施缩短日照，可以使秋菊与寒菊提早开花；采取补光措施延长日照，可以推迟花期，从而调节市场供应。

遮光处理要注意：光照度达到 10 lx 时就对切花菊的光周期反应产生影响，因此对切花菊进行遮光处理时必须注意遮光的严密性。遮光时间一般从 17：00 开始，在第 2 天 8：00～9：00 打开黑幕。幼苗遮光处理一般是在摘心后，植株正常生长高度达到 25 cm 左右时进行。遮光天数共有 30～40 d。

补光处理要注意：补光宜在摘心后 10～15 d、新芽长至 10～12 cm，且花芽分化前进行，在预期采花前 60～70 d 结束补光。通常秋菊在 8 月 15 日至 20 日补光，在 10 月上中旬结束，在 12 月中下旬开始供花。补光强度要求达到 50 lx 以上。通常每 10 m² 架设一盏 100 W 白炽灯，架设位置在植株顶部以上 1～1.5 m 处。一般要求在日照长度短于 13.5 h 时开始补光，通常在 8～9 月每天补光 2 h，在 10 月每天补光 3 h。

7.切花菊的采收与贮藏

多头菊的采收标准为顶花蕾已满开，其周围有 2～3 朵半开。采收时剪枝高度是剪口距床面 10 cm 左右，切枝长 60 cm 以上。剪切后的花枝，将切口以上 10 cm 范围内的叶片全部摘除，或按切枝长度摘除下部 1/4～1/3 的叶片，并立即浸入清水吸水。

切花采收后有干贮与湿贮两种方法。湿贮是将切花浸入保鲜液中，贮藏温度为 4℃，相对湿度为 90%；干贮是将切花包扎装箱后贮藏，贮藏温度为-1～-0.5℃。

第五章 园林植物整形修剪与养护管理技术

第一节 园林植物整形修剪管理技术

随着城乡一体化和美丽中国建设步伐的加快，各地正在大力发展公园、绿地、风景区和生态林地。为充分发挥园林植物在景观绿地中的作用，必须坚持长期的、科学的管理，以实现园林绿化的可持续发展。整形修剪是园林植物养护管理中非常重要的措施之一，广泛应用于树木、花草的培植，以及盆景的艺术造型和养护之中。合理地修剪可使园林植物健康生长，使植株达到理想的高度，并可以创造出各种艺术造型，以提高园林植物个体及群体的生态与观赏等绿化效果，同时能够提高城市绿化的水平。

一、园林植物整形修剪的理论基础

一般来说，园林植物整形修剪包括对草坪的控高修剪，以及对其他草本园林植物的摘心、剥芽、攀扎等操作（操作目的是调节植物生长与发育），尤其是对木本园林植物的养护性修剪。园林树木的养护性修剪可分为常规修剪和造型（整形）修剪两类。常规修剪以保持植株的自然形态为基本要求，按照"多疏少截"的原则及时剥芽、去蘖、摘心，或对树木合理地短截，或疏剪内膛枝、重叠枝、交叉枝、下垂枝、腐枯枝、病虫枝、徒长枝、衰弱枝和损伤枝，保持内膛通风透光、冠形丰满。造型修剪以剪、锯、捆、扎等手段，将树冠整修成特定的形状，达到树冠外形轮廓清晰，树冠表面平整、圆滑，不露空缺，不露枝干，不露捆扎物的效果。

（一）树体的基本结构

园林树木树体由地下部分（根系）和地上部分（树干和树冠）两部分组成。园林树木整形修剪的主要对象是地上部分，即树干和树冠内的各级枝条，以及根颈部的萌蘖等。下面将对树干和树冠进行介绍：

1.树干

树干即树体的中轴，下接根部至根颈（地上部分与地下部分的交界处）部位，上承载树冠。树干通常可分为主干与中心干两种。

（1）主干

从地面到第一主枝间的树干被称为主干，是树体上、下营养循环运转所必经的总渠道，也是贮藏有机物质的重要场所之一，在结构上起支撑作用。其高度被称为干高或枝下高。因不同树种或整形方式的不同，有的树木没有明显的主干（如灌丛形的灌木），有的树木有较长的主干（如大多数乔木）。

（2）中心干

中心干是主干在树冠内的延长部分，即位于树冠中央直立生长的大枝，又被称为中央领导干或中干。中心干的有无或强弱对树形有很大影响。

2.树冠

树冠是主干以上枝叶的统称，包括主枝、侧枝、骨干枝、延长枝等。

（1）主枝

主枝是着生在主干或中心干上的永久性大枝。主枝和树干成一定角度着生，是构成树冠的主要骨架，有的主枝在中心干上呈层次排列。

（2）侧枝

着生在主枝上的大枝为一级侧枝，从一级侧枝上长出的侧枝为二级侧枝。

（3）骨干枝

骨干枝是组成树冠骨架的永久性大枝的统称，包括主干、中心干、主枝、侧枝等，它们支撑树冠全部的侧生枝及叶、花、果。骨干枝主要起运输和贮藏水分、养分的功能。因骨干枝着生的状态不同，构成的树冠基本外貌也各异。

（4）延长枝

延长枝是各级骨干枝先端的延长部分。它引导树冠向外扩展，决定各级骨干枝的延伸方向，是一年生枝。

（二）树体的骨架

树体的骨架按主干的有无和枝的生长方式可分为以下三种类型：

1.单干直立型

单干直立型的树体骨架具有一个明显的与地面垂直生长的主干，乔木和部分灌木树种属于此类型。这种树木的顶端优势明显，由主枝、各级侧枝、延长枝形成树体骨架。细弱枝更新频繁，主干、主枝、延长枝生长势随着树龄的增加而产生变化，从而使树体外形不断变化，提高观赏效果。

2.多干丛生型

多干丛生型的树木以灌木为主。此类型树木的树体骨架，由根颈附近的芽或地下芽抽生形成的几个粗细相近的枝干构成，在这些枝干上再萌生各级侧枝。此类型树木离心生长相对较弱，顶端优势不是十分明显，芽抽枝能力强。有些树木的枝条中下部的芽较饱满，抽枝旺盛，树体结构更紧密，更新复壮也更容易。此类型树木主要靠地下的芽逐年抽生新的枝干完成树冠的扩展。

3.藤蔓型

这类树种有一至多条从地面生长出的明显主蔓，它们兼具单干直立型和多干丛生型树木枝干的生长特点，但没有确定的冠形，如九重葛、紫藤等树种。这类树种的主蔓不能直立，但顶端优势仍很明显，尤其在幼年时，主蔓生长很旺。壮年之后，主蔓上的各级分枝才明显增多，其衰老更新的特点常介于单干直立型和多干丛生型之间。

（三）常见的枝条类型

第一，一年生枝条。

当年抽生的枝条自秋季落叶，或者枝梢停长后至翌年春萌芽前的枝条，被称为一年生枝条。

第二，二年生枝条。

一年生枝条自萌芽后到第二年春萌芽前的枝条，被称为二年生枝条。

第三，多年生枝条。

二年生枝条以上的枝条，被称为多年生枝条。

第四，平行枝条。

两个或两个以上的枝条在同一水平面上向同一方向伸展的枝条，被称为平行枝条。

第五，轮生枝条。

在骨干（主要为中心干）枝条上着生点相距很近，并向四周呈辐射状伸展的 3 个以上的枝条，被称为轮生枝条。

第六，竞争枝条。

竞争枝条主要指的是与骨干枝条或延长枝条生长势相近的一年生枝条或多年生枝条。

第七，并生枝条。

自节位的某一处并列长出的 2 个或 2 个以上的枝条，被称为并生枝条。

第八，下垂枝条。

枝梢先端向下生长的枝条，被称为下垂枝条。

第九，内向枝条。

枝梢先端向树冠中心生长的枝条，被称为内向枝条。

第十，重叠枝条。

2 个或 2 个以上枝条在同一垂直面内相距很近，上下相互重叠生长的枝条，被称为重叠枝条。

第十一，徒长枝条。

徒长枝条是生长特别旺盛，节间长，枝粗叶大而薄，组织不充实，往往直立生长的枝条，其耐寒性也较差。

第十二，花枝条或结果枝条。

花枝条或结果枝条是着生花芽的枝条。这类枝条在观赏花木范围内为花枝条，在果树范围内则为结果枝条。

第十三，萌枝条或萌蘖（或蘖枝条）。

由潜伏芽或不定芽萌发长成的枝条，被称为萌枝条或萌蘖（或蘖枝条），其形态近似徒长枝条。

（四）芽的特性

芽是枝、叶、花的原始体，是带有生长锥和原始小叶片而呈潜伏状态的短缩枝，或是未伸展的紧缩的花或花序，前者被称为叶芽，后者被称为花芽。芽与种子有相似的特点，是树木生长、开花结实、更新复壮、保持母株性状、营养繁殖和整形修剪的基础。健壮的芽能使植株健壮生长和发育，为了培育出健壮的芽，最根本的办法是利用修剪、摘心或刻伤等技术。了解芽的特性，对研究园林树木的树形和整形修剪都有重要意义。

对芽的特性的研究主要包括下列几个方面：

1.芽的芽序

定芽在枝条上按一定规律排列的顺序，被称为芽序。因为大多数的芽着生在叶腋间，所以芽序与叶序一致。不同树种的芽序不同，有互生芽序、对生芽序、轮生芽序之分。枝条也是由芽发育生长而成的，芽序对枝条的排列乃至树冠形态都有重要的决定性作用。所以，了解树木的芽序对整形修剪、安排主侧枝的方位等有重要作用。

2.芽的萌芽力

树体母枝上的芽的萌发能力，被称为萌芽力，常用萌芽数占同枝上芽总数的百分率（萌芽率）来表示。不同树种或品种，萌芽力有强有弱，如柏科树种、紫薇、桃、小叶女贞、女贞等，萌芽力很强；如梧桐、核桃、苹果和梨的某些品种等，萌芽力很弱。一般来说，萌芽力强的树木耐修剪，树木易成形。

3.芽的成枝力

母枝上的叶芽能抽发成长枝的能力，被称为成枝力。不同树种成枝力不同，如悬铃木、葡萄、桃等萌芽率高，成枝力强，树冠密集，幼树成形快，效果也好。此类树种进入开花结果期早，也会使树过早郁闭而影响通风透光，若整形不当则会使内部短枝早衰。银杏、西府海棠等成枝力较弱，所以树冠内枝条稀疏，幼树成形慢，遮阳效果也差，但树冠通风透光良好。

4.芽的早熟性与晚熟性

芽的早熟性是树木的芽当年形成当年萌发的特性。有些树种（如桃、枣、紫薇等）在生长季早期形成的叶芽，当年就能萌发；有些树种（如月季、米兰、茉莉、夹竹桃等）1年内能连续萌生3～5次新梢并能多次开花，当年就能形成小树；也有些树木，芽虽具早熟性，但不受刺激一般不萌发，只有当受到病虫害等自然伤害时或在人为修剪、摘叶时才会萌发。

芽的晚熟性是指当年形成的芽，需经一段时间的低温来解除休眠状态，到第二年才能萌发的特性，如银杏、广玉兰、毛白杨、苹果、梨、海棠等树种的芽。也有一些树种的芽早熟性和晚熟性兼有，如葡萄的主芽是晚熟性芽，副芽是早熟性芽。

芽的早熟性与晚熟性是树木较固定的习性，在不同年龄、不同环境下也会有变化。

环境差的适龄树一年萌一次芽；具晚熟性芽的悬铃木等树种的幼苗，在肥料充足时，当年常萌发两次芽；叶片过早衰落也会使一些晚熟性芽的树种两次萌芽或开花，这对树在翌年的生长较差，应尽力避免这种现象的发生。

5.芽的异质性

在芽形成的过程中，芽的内在条件（内部营养状况）和外在条件（环境）不同，处在同一枝条上不同部位的芽存在着大小、饱满程度等性质上的差异，这种存在差异的现象被称为芽的异质性。枝基部的芽是在初春展雏叶时形成的。初春，新叶面积小，气温低，光合作用差，形成的芽瘦小，且往往成为隐芽。后来，气温逐渐升高，枝中上部展现的新叶面积增大，光合作用提高，叶腋处形成的芽发育良好，充实饱满。有些树木（如苹果、梨等）的长枝有春梢和秋梢，即一次枝在春季生长后，于夏季高温时停长，当秋季温度和湿度均适宜时，顶芽又萌发成秋梢。在长枝生长延迟至秋后时，枝梢顶端往往因低温不能形成顶芽。因此，通常一般长枝的基部、顶部，或秋梢上的芽质量较差，中部的最好；中短枝中、上部的芽较充实饱满；树冠内部或下部枝条上的芽因生长环境差而质量欠佳。

但是，许多树木达到一定年龄后，所发新梢顶端会自然枯亡（如板栗、柿、杏、柳、丁香等），或顶芽自动脱落（如柑橘类）。某些灌木和丛木，中下部的芽反而比上部的好，萌生的枝势也强。

6.芽的潜伏力（潜伏芽的寿命）

树木枝条基部芽或上部的某些副芽形成后，翌年春天或连续多年不萌发，呈休眠状态，这种芽被称为潜伏芽。当枝条受到某种刺激（如上部或近旁受损，失去部分枝叶）或树冠外围枝处于衰弱状态时，潜伏芽萌发抽生新梢，这是芽的潜伏力，其强弱与树木地上部分能否更新复壮有关。潜伏芽寿命长的树种容易更新复壮，甚至能多次更新复壮，这类树种的寿命较长。潜伏芽的长短与树种的遗传有关，与环境条件和养护管理（特别是修剪）也有关系。如桃树的经济寿命一般只有 10 年左右，但在良好的养护管理条件下，30 年树龄的桃树仍有相当高的产量。

7.芽的顶端优势

树木枝顶端的芽或枝条的生长与其他部位相比占有优势地位，即顶端优势。芽的萌发和枝的长势自上而下递减，中心干的生长势比同龄主枝的生长势强，树冠上部枝的生长势比下部枝的生长势强。南洋杉、松树顶端优势很强，中心干强而持久。如果去掉顶芽或上部芽，就削弱了枝的顶端优势，可促使下部腋芽和潜伏芽萌发；若去除先端对角度的控制效应，则所发侧枝又可垂直生长。

8.芽的干性和层性

芽的干性指树木中心干的强弱和维持时间的长短。树木干性的强弱对树木高度和树冠的形态、大小等具有重要的影响，如雪松、水杉、广玉兰干性强，梅、桃及灌木树干性弱。由于树木芽的异质性和顶端优势不同，主枝在中心干上的分布或二级枝在主枝上的分布会出现明显的层次，即健壮的一年生枝产生部位比较集中，这种现象被称为芽的层性。

（五）芽的分枝方式

树木除少数树种不分枝（如棕榈科的许多树种）外，还有以下三种分枝方式：

1.总状分枝（单轴分枝）式

枝的顶芽具有生长优势，能形成通直的主干或主蔓，同时依次长出侧枝；侧枝又以同样方式形成次级侧枝。这种有明显主轴的分枝式被称为总状分枝（单轴分枝）式，如银杏、水杉、云杉、冷杉、松柏类、雪松、银桦、杨、山毛榉等。总状分枝（单轴分枝）式以裸子植物为主。

2.合轴分枝式

枝的顶芽经过一段时期的生长以后，先端分化花芽或自枯，被邻近的侧芽代替并延长生长，接着又按上述方式分枝生长。这样就形成了曲折的主轴，这种分枝式被称为合轴分枝式，如成年的桃、杏、李、榆、柳、核桃、苹果、梨等。合轴分枝式以被子植物为主。

3.假二叉分枝式

具有对生芽的植物，顶芽自枯或分化为花芽。顶芽下面的对生芽同时萌枝生长并代替原来的顶芽，形成叉状侧枝，之后按这种方式继续分枝。其外形上与二叉分枝相似，因此被称为假二叉分枝式。这种分枝式实际上是合轴分枝的另一种形式，如丁香、梓树、泡桐等植物的分枝。

树木的分枝式不是一成不变的。许多树木年幼时呈总状分枝（单轴分枝）式，生长到一定树龄后，就逐渐变为合轴分枝式或假二叉分枝式。因此，在幼树和青年树上可见到两种不同的分枝式，如在玉兰等植物上可见到总状分枝（单轴分枝）式与合轴分枝式及其转变痕迹。

了解树木的分枝习性，对研究树形、整形修剪、提高光能利用率、促进早成花、选择树种、培育良材等都有重要意义。

（六）园林树木的生长

树木每年通过新梢生长来不断扩大树冠，新梢生长包括加长生长和加粗生长两种方式。新梢生长的快慢以一定时间内增加的长度或粗度（即生长量）来衡量。枝条加长或加粗的快慢被称为生长势。生长量的大小和变化，是衡量与反映树木生长势强弱及某些生命活动状况的重要指标，也是栽培措施是否得当的判断依据之一。

1.新梢的加长生长

新梢的加长生长是指枝、茎尖端生长点的向前延伸（竹类为居间生长），即由芽萌动到生长成枝的过程。其过程是按"慢—快—慢"的规律生长的。此过程可分为三个时期：开始生长期、旺盛生长期、缓慢与停止生长期。

（1）开始生长期

叶芽幼叶伸出芽外，随之节间伸长，幼叶分离。此时期生长主要依靠树体贮藏营养。新梢开始生长慢，节间较短，展出的叶是由前期形成的芽内幼叶原始体发育而成的，故又被称为叶簇期。其叶面积小，叶形与后期长成的叶形差别较大，叶脉较稀疏，寿命短，易枯黄，其叶腋内形成的芽也多是发育较差的潜伏芽。

（2）旺盛生长期

新梢开始生长后，随着叶片的增加很快就进入了旺盛生长期。节间逐渐变长，展出的叶也具有该树种或品种的代表性特征。叶较大，寿命长，有很强的同化能力。此时期叶腋所形成的芽较饱满，有些树种在这一段枝上还能形成腋花芽。此时期新梢的生长由主要利用贮藏营养转化为主要利用当年的同化营养。故春梢的生长势与贮藏营养水平、肥水条件有关。此时期通常被称为"新梢需水临界期"，此时期还需根据枝的长势强弱来进行摘心或疏枝的工作，从而调整枝的长势和树体的通风透光条件。

（3）缓慢与停止生长期

在这一时期，新梢生长量变小，节间缩短，有些树种的叶变小，寿命较短。新梢自基部向先端逐渐木质化，最后形成顶芽或因自枯而停长。枝条停止生长的早晚，因树种、品种部位及环境条件而异,与其进入休眠的时间相同。北方树种停长早于南方树种。幼年树结束生长的时间晚,成年树早;短果枝或花束状果枝结束生长的时间早;一般外围枝比内膛枝结束生长的时间晚,徒长枝结束生长的时间最晚。土壤养分缺乏,透气不良,干旱均能使枝条提早1~2个月结束生长;氮肥多,灌水足或夏季降水过多均能延迟枝条的生长,尤以根系较浅的幼树表现最为明显。在栽培中应根据目的(作庭荫树还是作桩景材料)合理调节光照、温度、肥水,以此来控制新梢的生长时期和生长量。

2.新梢的加粗生长

新梢的加粗生长是形成层细胞分裂、分化、增大的结果。加粗生长比加长生长的开始时间稍晚,停止生长的时间也晚,这是因为顶芽和幼叶产生的生长素和赤霉素会调节营养物质的运输,并激发形成层细胞的分裂,产生了加粗生长。新梢由下而上增粗,形成层活动的时期、强度,因枝条的生长周期、树龄、生理状况、部位、外界温度、水分等条件而异。落叶树形成层的活动稍晚于萌芽。春季萌芽开始时,越接近萌芽处的母枝,其形成层的活动越早,并由上而下,开始微弱增粗。此后随着新梢的不断生长,形成层的活动也持续进行。新梢生长越旺盛,则形成层的活动也越强烈,且时间长。在秋季,叶片积累大量光合产物,因而枝干明显加粗。级次越低的骨干枝,加粗生长的高峰期越晚,加粗量越大。每发一次枝,树就增粗一次。因此,有些在一年内多次发枝的树木,一圈年轮并不是一年内加粗生长的真正年轮。一年生实生苗的加粗生长高峰期在中后期;幼树形成层的活动停止得较晚,而老树形成层的活动停止得较早;同一树上新梢形成层活动开始和结束的时间均较老枝早;大枝和主干的形成层活动自上而下逐渐停止,而以根颈结束最晚。

二、园林植物整形修剪的基础知识

(一)园林植物整形修剪的作用

园林植物整形修剪具有提高成活率、控制生长势等多方面的作用。

1.提高园林植物移栽的成活率

树木移植时要及时剪除断枝、机械损伤枝,保留骨干枝,修去多余的小侧枝,以减少水分蒸发,提高栽植成活率。

2.控制园林植物的生长势

园林植物地上部分的大小与长势如何，取决于根系状况和根系从土壤中吸收水分、养分的多少。剪去地上部分中不好的部分，可以使养分、水分集中供给留下的枝芽，促使局部的生长，若修剪过重，则对整体有削弱作用，这被称为"修剪的双重作用"。具体是促进作用还是抑制作用，因修剪的方法、轻重、时期、树龄、剪口芽的质量而异。因此可以通过修剪来恢复或调节树势，这既可促使衰弱部分壮起来，也可使过旺部分弱下来。对于潜伏芽寿命长的衰老树或古树来说，适量修剪，结合施肥浇水，促进潜伏芽萌发，可以使之更新复壮。例如，大叶女贞、榆树等树种在种植后可长成高大的乔木，但通过修剪，这类树木就可成为矮小的灌木。

3.促使园林植物多开花结实

对于观花、观果的树种或结合花、果生产的园林植物，可以通过修剪调节植物的营养生长与花芽分化来促使开花结果的时间提前，并获得稳定的花果产品或提高观赏效果。例如，在花卉栽培上采用多次摘心办法，可以促使万寿菊多抽生侧枝，增加花朵的数量。

4.保证园林植物健康生长

剪去生长位置不恰当的密生枝、徒长枝或病虫枝，可以保证树冠内部通风透光，也可避免树枝间相互摩擦造成的损伤。夏季风雨多，尤其在易受到台风侵袭的沿海部分地区，为减轻迎风面积，可以对树冠进行疏剪或短截，以免被风吹倒。对草坪草的修剪不但可以控制草坪高度，使草坪保持美观，更重要的是可以通过及时修剪促进草坪分蘖，增加草坪密度及耐性，还可以抑制草坪杂草的开花结果。

5.调整园林植物株形及树体结构，创造最佳环境美化效果

我国园林中的树木多采用自然树形，为维持这些树形，需要对树木适当修剪。对于上有架空线，下有人流、车辆交通等的行道树，则需要将这些树木整修成适合的树形。为满足园林艺术上的需要，使绿篱、花坛与周围环境相适应，可将树木整修成规则或不规则的特殊形体。

（二）园林植物整形修剪的依据

园林植物整形修剪的依据有园林绿化设计对该园林植物的要求、园林植物与环境的关系及树种的品种特性等。

在园林中，园林植物应用的目的不同，修剪的要求就不同。同种树木应用目的不同，则修剪的要求也不同，如槐树在用作行道树时常修剪成杯形，在用作庭荫树时常进行自然式整形；桧柏在用作孤植树时尽量保持自然树冠，在用作绿篱树时要进行强度修剪、规则式整形；榆叶梅在草坪上常剪成丛状扁球形，在路边拐角处常修剪成主干圆头形。

依据树木生长的自然条件和生长势，采取相应的整形修剪方法。当水肥、光照等条件较差时，可对生长势弱的枝条轻剪。树木遵循"离心生长—离心秃裸—向心更新—向心枯亡"的生长规律，修剪的目的是适应这个生长规律，延长离心生长的生命活动周期，避免树木过早出现离心秃裸的情况。应因势利导，利用这个生长规律造就新的树冠，并保持树冠的完整和整个树体的生命周期。

修剪反应是检验修剪是否适度的重要标准，也是修剪是否合理的重要依据。由于枝条生长势和生长状态不同，应用同一剪法时，不同枝条的反应也不同。修剪反应一般可以从两个方面来看，即局部反应和全树整体反应。

修剪方法和修剪程度是否正确，树体本身可产生相应的反应。所以，认真观察修剪反应是搞好修剪的重要方面。

另外，修剪时还要考虑树龄、结果枝量和花量等因素。总之，要综合考虑才能确定修剪时间、修剪方法和树形，还要遵循"统筹兼顾，轻重结合，主次分明，长远规划"的原则。

（三）园林植物整形修剪方式

园林植物常见的整形修剪方式有自然式整形修剪和规则式整形修剪两类：

1.自然式整形修剪

根据园林植物的生长发育状况，特别是植物的枝芽特性，在保持其原有的自然冠形的基础上适当修剪，这种方式被称为自然式整形修剪。自然式整形修剪能充分体现园林的自然美，自然树形优美的植物或萌芽力、成枝力弱的植物在造景时，可采用自然式整形修剪。此形式的修剪相对简单，只是对枯枝、病弱枝和少量干扰树形的枝进行适当处理。

2.规则式整形修剪

根据观赏的需要，将植物树冠修剪成各种特定的形式，这种方式被称为规则式整形修剪，一般适用于萌芽力、成枝力都很强的耐修剪植物。规则式整形修剪并不是按树冠的生长规律整形修剪，经过一段时间的自然生长，新抽生的枝叶会破坏原来修整好的树形，所以需要经常修剪。常见的规则式整形修剪有以下几种形式：

第一，几何形式，如正方形、长方形、杯形、圆柱形、开心形、球体、半球体或其他不规则物体的几何体等。

第二，建筑形式，如亭、廊、楼等。

第三，动物形式，如孔雀、鸡、马、虎、鹿、鸟等。

第四，人物形式，如孙悟空、猪八戒、观音、拉车人等。

第五，古桩盆景等形式。

（四）修剪时期

一般落叶树冬季停止生长，修剪时养分损失少，伤口愈合快；常绿树的根与枝叶终年活动，新陈代谢不止，剪去枝叶时养分损失，有冻伤的危险，所以修剪时期一般在晚春（即发芽萌动前）进行。园林树木的修剪因树种、修剪目的、修剪作用的不同而各有适宜的修剪时期。最佳修剪时期的确定依据有两个：一是不影响园林植物的正常生长，减少营养消耗，避免伤口感染，如抹芽、除萌宜早不宜迟；二是不影响开花结果，不破坏原有冠形，不降低其观赏价值。

1.休眠期修剪

一般来说，多年生园林植物和落叶树木从秋季地上部分枯死（或落叶）到春季萌芽前的修剪，被称为休眠期修剪或冬季修剪。从伤口愈合速度上看，以早春树液开始流动、生育机能即将开始时进行修剪为佳。有伤流现象的树种（如核桃、槭树、四照花、悬铃木、桦木、葡萄、枫杨、杨树等）应在春季伤流期前进行修剪。例如，核桃在落叶后11月中旬开始发生伤流，所以应在果实采收后，叶片枯黄前进行修剪；葡萄一般在伤流期到来前15 d完成修剪。抗寒力差的，宜早春剪。常绿树木，尤其是常绿花果树，如桂花、茶花、柑橘，叶片制造的养分不完全用于贮藏，当剪去枝叶时，其中所含养分也同时流失，且对日后树木生长发育及营养状况也有较大影响。因此，修剪除了要控制强度，尽可能使树木多保留叶片，还要选择好修剪时期，力求让修剪给树木带来的不良影响降至最低。人们通常认为，在晚春，树木发芽萌动之前是常绿树修剪的适宜期。

2.生长季修剪

园林植物从春季芽萌动到深秋地上部分枯死，或休眠前的整个生长期所进行的修剪，被称为生长季修剪或夏季修剪，是休眠期修剪的继续和补充。夏季修剪应与冬季修剪紧密结合，从修剪的作用及重要性上看，冬季修剪与夏季修剪是不分伯仲的。生长季修剪可以促使植株体内的养分、水分、激素等生长所需物质进行合理分配，其见效比冬季修剪快，此时修剪能及时改造或保持冠形，调整株冠枝叶密度，改善通风透光条件，从而提高园林植物的观赏效果和合理地增加花果量。

生长季修剪应考虑植物种类、品种、时间等因素。树木在夏季正处于旺盛生长期，修剪免不了要剪掉许多新梢和叶片，尤其对花果树的外形有一定影响，故应尽量从轻修剪。如果土壤条件差，管理又跟不上，在树体贮藏养分少的情况下，修剪会抑制树的生长。反之，如果土壤水肥条件好，则生长季修剪能够有效促发副梢，扩大树冠，提高树木光合作用的效率，减少冬季修剪的工作量，使树木提前进入开花结果期，从而缩短园林树木的培育周期。

对于刺槐、杨树、榆树等萌发力强的树种，若在冬季修剪的基础上培育直立主干，就必须对主干顶端剪口附近的大量新梢进行剪梢或摘心，控制其生长，调整并辅助主干的长势和方向；若在旺盛生长的季节修剪，效果会更好。有些落叶阔叶树，如枫杨、薄壳山核桃、杨树等，冬春修剪会伤流不止，因此，此类树木的整形修剪宜在生长旺盛季节进行。绿篱、球形树的整形修剪，通常也应在晚春和生长季节的前期或后期进行。

园林植物的生长习性存在差异，许多园林植物的修剪期应以夏季为主，如花灌木丁香、榆叶梅等在春季先开花后长叶的植物，只能在冬季轻剪，以疏除病虫枝、枯死枝和细弱枝；把重点放在花后的修剪——夏季修剪上，否则会影响二年生枝条上的着花数量，从而影响开花效果。此外，法桐、木槿、紫薇等在北方易受冻害的植物也不宜在冬季修剪，以免造成更严重的冻害，而应将春初作为植物的主要修剪时期。对于夏季开花的金银花、金银木、珍珠梅等，为节省营养，应在开花后期立即进行疏花修剪；对于月季类灌木，要随时剪除残花，防止营养消耗，促使副梢早发，早形成顶花芽，早开花，多开花，缩短开花间隔时间；对于棕榈类植物，要随时剪掉衰老、发黄、破碎的叶片，保持其观赏效果。

为了促进某些花果树新梢生长充实，形成混合芽或花芽，则应在树木生长后期进行修剪。具体修剪时期选择合宜的即可，这样既能避免二次枝的发生，又能使剪口及时愈合。常绿针叶树类在早春进行修剪可获得部分扦插材料，在6～7月生长期内进行剪梢修剪，可培养紧密丰满的圆柱形、圆锥形或尖塔形树冠。

规则造型的植物夏季生长快，易产生大量萌生枝、杂乱枝，修剪整齐的树形很容易遭到破坏，而夏季是园林植物重要的观赏季节，要达到精细化园林养护管理的标准，做到"横平、竖直、立有形"，就必须重视夏剪工作，加大色块色带、造型灌木、绿篱、草坪等重要观赏点的修剪频率。夏剪是保持原有设计效果的重要手段。在夏季修剪的过程中，每次修剪应在前一次修剪处高 1 cm 的地方剪口，以利于植物的恢复生长。但勿过迟，否则容易促发新的副梢，不仅消耗养分，而且不利于当年新梢的充分成熟。

（五）整形修剪时的注意事项

整形修剪应注意以下几个方面的内容：

1.制订修剪方案

对于修剪量大、技术要求高、工期长的修剪任务，作业前应对计划修剪树木的树冠结构、树势、主侧枝的生长状况、平衡关系等进行详尽的观察分析，根据修剪目的及要求，制订具体的修剪及保护方案（包括时间、人员安排，工具准备，施工进度，枝条处理，现场安全等）。对于重要景观中的树木、古树，珍贵的观赏树木等，修剪前需咨询专家的意见，或在专家直接指导下进行修剪。

2.培训修剪人员、规范修剪程序

修剪人员必须接受岗前培训，掌握操作规程、技术规范、安全规程及特殊要求。根据修剪方案，对要修剪的枝条、部位及修剪方式进行标记。然后坚持"因树修剪，随枝作形，统筹兼顾，轻重结合，主从分明，长远规划"的原则，按"先剪下部、后剪上部，先剪内膛枝、后剪外围枝，由粗剪到细剪"的顺序进行。一般从疏剪入手，把枯枝、密生枝、重叠枝等先行剪除；再按大、中、小枝的顺序，对多年生枝进行回缩修剪；最后根据整形需要，对一年生枝进行短截修剪。修剪完成后需检查修剪得是否合理，有无漏剪、错剪，以便更正，最终达到"抑强扶弱，正确促控，合理用光，枝条健壮"的目的。

3.注意安全作业

安全作业包括两个方面：一方面是作业人员的安全，另一方面是对作业树木下面或周围行人与设施的保护。所有的作业人员都必须配备安全保护装备，使用前检查上树机械和工具的各个部件是否灵活、有无松动，在高压线附近作业时要特别注意安全，避免触电，必要时请供电部门配合。进行整形修剪时思想要集中，严禁说笑打闹，上树前不准饮酒。应在作业区边界设置醒目的标记，避免落枝伤害行人和车辆。当多个人同时修剪一棵高大的树时，应有专人负责指挥，以便在高空作业时协调配合。在建筑及架空线

附近截除大枝时，应先用绳索将被截大枝捆吊在其他生长牢固的枝干上，待截断后慢慢松绳放下，以免砸伤行人、建筑物和下部的枝干。

另外，修剪时应注意天气变化，宜选择无风晴朗的天气。

4.清理作业现场

文明施工，及时清理、运走修剪下来的枝条同样重要，这既是为了保证环境整洁，也是为了确保安全。目前国内一般采用把残枝等物运走的办法，国外则经常用移动式削片机在作业现场就地把树枝截成木片，节约运输量的同时，可再利用。

三、园林植物整形修剪的工具

（一）修枝剪

1.普通修枝剪

普通修枝剪一般用于疏截直径 3 cm 以下的硬枝条。使用时只要将需修剪部位放入剪口内，一只手握住剪刀用力，另一只手同时将枝条向剪刀厚的一侧猛推或猛拉，就能轻松自如地剪断树枝。

修剪时离新芽过长，会导致新芽以上的枝条坏死，易引发病虫害；修剪时离新芽太近，会导致新芽长不出来；修剪时若修剪面过于倾斜，则会伤害植物。

新购买的修枝剪，应先调节双剪片，防止过松或过紧。剪片（主动片）应先开刃、磨快后再使用。否则，剪片太厚，不仅剪截时费力，还会把枝条剪劈，使切口变得毛糙，剪柄中央的弹簧还常常脱落丢失。操作时不要左右扭动剪刀，以防夹枝甚至损坏剪刀。

修剪时避免动作过大，普通修枝剪不宜用于修剪较大的硬枝或铁丝等物品，以免损坏剪刀。使用后应及时抹去灰尘、垃圾及水珠，用油布擦掉剪刀上淤积的树脂，然后涂上防锈油。若长期不用，应涂上黄油、保护液等，放入干燥的库房中保存。

2.长把修枝剪

使用此类修枝剪时，站在地面上就能用双手短截比较高的灌木株丛顶部的枝条。其剪口呈月牙形，虽然没有弹簧，但手柄很长，杠杆的作用力相当大。因此，可在双手各握一个剪柄的情况下操作。

3.电剪刀

电剪刀用于剪截直径 2 cm 的硬枝（如冬青、黄杨、桧柏、刺柏、紫薇、茶树等植物的枝条）至 3 cm 的软枝（如葡萄枝类）。它使用起来灵活方便，维护起来也很简单。修剪后可使植物接近绿篱的自然生长状态，形成的树冠面较大，修剪面既整齐又美观，而且芽叶萌发比手工修剪萌发整齐。电剪刀每天可连续工作 8 h，生产效率是传统手工剪刀的 2～3 倍，可减轻工人（剪刀使用者）的劳动强度，同时减少用工人数，降低成本。

4.高枝剪锯

高枝剪锯具有高枝剪和高枝锯双重功能，主要用于绿化树木高处细枝的修型整枝。它有一根能够伸缩的铝合金长柄，使用时可以根据修剪的高度来调整高枝剪的长度。在刀叶的尾部绑一根尼龙绳，修剪是靠猛拉这根尼龙绳来完成的。在刀叶和剪筒之间还装有一根钢丝弹簧，在松开尼龙绳的情况下，可以使刀叶和镰刀形固定剪片自动分离而张开。但高枝剪短截时，剪口的位置往往不够准确。为修剪树冠上部的大枝，经常在刀叶一侧用螺丝固定一把高枝锯。

（二）修枝锯（手锯）

修枝锯用于锯除剪刀剪不断的枝条。使用前，应检查手柄与锯条的接口螺丝是否拧紧，用锉刀锉把锯齿锉锋利。在锯割枝条时，用力要均匀。若发生夹锯现象，不宜用力继续拉锯，应从锯口处轻轻抽出锯子，从另一处继续锯割。使用完毕后，应及时清洁锯面、锯齿。若长时间不用，应涂上保护液，置于干燥处保存。常用来修枝的锯有以下几种：

1.单面修枝锯

单面修枝锯用于截断树冠内的一些中等枝条。此锯有弓形的细齿，锯片很狭，可以伸入株丛中锯截，使用起来非常方便。

2.双面修枝锯

双面修枝锯用于锯除粗大的枝。这种锯的锯片两侧都有锯齿，一边是细齿，另一边是由深浅两层锯齿组成的粗齿。在锯除枯死的大枝时用粗齿，锯截活枝时用细齿，以保持锯面的平滑。操作时，用双手握住锯把上的椭圆形孔洞，可以增加锯的拉力。

3.刀锯

刀锯是木匠常用的锯。在需要锯除较粗的枝条时，如果没有双面修枝锯，也可以用刀锯。

（三）绿篱剪

绿篱剪，又被称为大平剪，用于修整绿篱，也可用于球形树的造型修剪。它的条形刀片很长、很薄，一次可以剪掉一片枝梢，从而把绿篱顶部和侧面修剪平整。绿篱剪刀面较薄，只能用来平剪嫩梢，不能修剪充分木质化的粗枝，若有个别粗枝冒出绿篱株丛，应当先用普通修枝剪把它们剪掉，然后再使用绿篱剪。

使用绿篱剪时双手正握双柄中部，按绿篱高度剪下，并适时调节双剪支点处的螺帽，控制双剪面。使用完毕应及时抹去灰尘、垃圾及水珠。若长期不用，应涂上黄油、保护液等，放入干燥的库房中保存。

（四）梯子、升降车及绿篱机

梯子或升降车用于修剪较高大的树木。

绿篱机用于茶叶修剪及公园、庭院、路旁树篱等大面积园林绿化的专业修剪。绿篱机有手持式小汽油机、手持式电动机、车载大型机这几类。一般说的绿篱机指依靠小汽油机为动力带动刀片切割转动的修剪机器，它分为单刃绿篱机与双刃绿篱机两种。绿篱机主要由汽油机、传动机构、手柄、开关及刀片机构等部分组成。

四、园林植物整形修剪的基本方法

（一）疏剪

疏剪也被称为疏删，即将整个枝条自基部全部剪去。疏剪可以调节枝条，使枝条均匀分布，加大空间，改善通风透光条件，有利于树冠内部枝条生长发育和花芽分化。

疏剪的对象主要是病虫枝、干枯枝、过密枝、衰弱枝、交叉枝或徒长枝等。萌芽力、成枝力都弱的植物要少疏枝，如广玉兰、梧桐、松树、桂花、枸骨、罗汉松、棕榈等。马尾松、雪松等植物，枝轮生，每年发枝有限，尽量不疏。萌芽力与成枝力都强的园林植物，如法桐、葡萄、紫薇、桃、月季、黄杨、榆树、柽柳等，可多进行疏剪。幼树、弱树尽可能不疏剪，结果期的树适量疏剪。疏剪一般在植物的休眠期、生长期进行。

（二）除蘖

除蘖是除去树木主干基部及伤口附近当年长出的嫩枝或根部长出的根蘖，此方法可避免这些枝条和根蘖有碍树形，促进主干生长。

（三）回缩

回缩，又被称为缩剪，是将多年生的枝条剪去一部分。因树木多年生长，离枝顶远，易有"光腿枝"。为了降低顶端优势位置，促进多年生枝条基部更新复壮，常采用回缩修剪的方法。

此方法常用于恢复树势和枝势。在树木部分枝条开始下垂、树冠中下部出现光秃现象时，将衰老枝或树干基部留一段，其余剪去（在休眠期进行操作），使剪口下方的枝条旺盛生长，以此来改善通风透光条件或刺激潜伏芽萌发徒长枝。

（四）变

此方法是将直立或空间位置不理想的枝条，引向水平方向或其他方向，可以加大或缩小枝条的开张角度，使顶端优势转位，加强或削弱顶端优势。常在幼树整形时使主干弯曲而采用的技术措施有曲枝、拉枝、抬枝、圈枝等，这些措施能使植物生长势缓和，并能使植物提早开花。

（五）放

此方法即对一年生枝条不做任何短截，任其自然生长，在实际工作中，这一方法分为缓放、甩放或长放。利用单枝生长势逐年减弱的特点，对部分长势中等的枝条长放不剪，则下部易发生中、短枝，停止生长早，同化面积大，光合产物多。

（六）折裂

折裂即于早春芽略萌动时，切枝（径的 2/3～1/2）—小心弯折—折裂处木质部斜面互顶—伤口涂泥，从而控制枝条过旺生长。

（七）除芽

除芽和除萌都是"疏"的形式。在芽萌动后至新梢生长前，徒手除去无用或影响主干枝生长的芽，如月季、牡丹的脚芽可用此方法去除。除弱芽可增强树势，除主芽可缓解树势。

（八）摘心与剪梢

新梢生长到一定阶段后可进行摘心与剪梢，有利于养分转移至芽、果、枝部，促使花芽分化，以及侧芽萌发和生长，增加开花枝的数量。某些植物（如鸡冠花、棕榈类、南洋杉等）自然分枝已有很多或仅有单干茎，不易发侧芽，应避免用此方法。木本植物需在生长盛期，枝梢柔嫩时实施此方法；草花类幼苗可以采用摘心的方法促进侧枝生长，增加开花数量。

（九）扭梢与折梢

在植物的旺盛生长期内，为抑制新梢的过旺生长，将生长过旺的枝条，特别是着生在枝背上的旺枝，从中上部将其扭曲下垂的方法，被称为扭梢；只将其折伤但不折断（只折断木质部）的方法，被称为折梢。扭梢与折梢阻止了水分、养分向生长点输送，削弱了枝条生长势，从而有利于短花枝的形成。

五、园景树的整形修剪

园景树，又被称为孤植树、独赏树或标本树。园景树可独立成景，主要展现树木的个体美，通常作为庭院和园林局部的中心景物，赏其树形、花、果、叶色等。园景树大多具有形体高大、树形美观、树姿独特优美等特点，观赏价值突出且寿命较长，常见于公园入口处或园路交叉处，如圆柏、雪松、紫薇、枫香、金钱松、龙柏、白玉兰、紫叶李、龙爪槐等。

因园景树观赏特性的不同，修剪的依据、方法及目的也不同，下面以雪松、白玉兰为例，介绍园景树的整形修剪。

（一）雪松的整形修剪

雪松是我国颇负盛名的园林风景树之一，也是世界五大观赏树之一。其主干挺拔苍翠，树姿潇洒秀丽，枝叶扶疏，气势雄伟，在园林绿化上应用得很广泛。但我国雪松的实生苗（种子繁殖）种源不足，扦插繁殖仍为其主要的繁殖方法，而扦插繁殖的苗木，在生长过程中很难自然形成优美的树形，有的产生偏冠，有的修长欠健壮，有的无正头等，导致其观赏价值受到影响。

1.正常树形的整形修剪

雪松主干挺直，具有明显的中心干，生长旺盛，挺拔向上；大侧枝不规则轮生，向外平伸，四周均衡、丰满；小枝微下垂；下部侧枝长，渐至上部依次缩短，疏密匀称，形成塔形的树冠。对于这种正常的树形，整形修剪只需采取常规操作即可。

2.特殊树形的整形修剪

（1）主干弯曲应扶正

雪松为乔木，必须保持中心干延长枝不分叉且向上生长的状态。但是，有些苗木的中心干延长枝弯曲或软弱，需每年用细竹竿绑扎嫩梢，使树干挺直，并利用顶端生长优势，促使其向高生长。若主干上出现竞争枝，应选留一个生长势强的枝条为主导干，另一个枝条短截回缩，于翌年再将回缩短截的竞争枝疏除。

（2）主枝的选留

雪松喜光，其主枝在中心干上呈不规则的轮生，如果数量过多，树冠会郁闭。所以要调整各主枝在中心干上的分层排列，每层应有主枝 3～5 个，并向不同方向伸展，层间距离为 30～50 cm。不剪已经确定的主枝，同时注意保护新梢，过密枝或病虫枝应疏除。对层内非主枝却较粗壮的枝条，应先短截，抚育一段时间后再做出处理。细弱的枝条则可疏除。

（3）平衡树势

雪松的树形要求下部侧枝长，向上渐次缩短，而同一层的侧枝长势须平衡，才能形成优美的树冠，因此要着重使每层各主枝的生长相对平衡。对于"下强上弱"的树势应对下部的强壮枝回缩剪截，并选留生长弱的平行枝或下垂枝替代。对上部的植株喷施生长激素，促使枝条生长。用浓度为 40～50 mg/L 赤霉素溶液喷洒，每隔 20 d 喷洒一次。对于偏冠树的修剪，通常采用引枝补空的方法，即将附近的大枝用绳子或铁丝牵引来补空，或用嫁接方法来补救，即在空隙大而无枝的植株上，用腹接法嫁接一健壮的芽，使其萌发出新枝。

（二）白玉兰的整形修剪

白玉兰为落叶乔木，花白如玉，先叶开放，顶生、朵大，花香似兰，其树形魁伟，树冠呈卵形。古时多在亭、台、楼、阁前栽植白玉兰，现多见于园林厂矿中，可孤植、散植，或在道路两侧作行道树，为我国著名的传统观赏花木。实生苗的大树主干明显，树体壮实，雄奇伟岸，生长势壮，节长枝疏，但花量稍稀；嫁接树往往呈多干状或主干低分枝状特征，节短枝密，树体较小巧，但花团锦簇，远观洁白无瑕，妖娆万分。

因白玉兰枝条的愈伤能力差，一般不做大的整形修剪，为培养出合理且姿态优美的树形，修剪也常在花谢后与叶芽萌动前进行，只需适当剪去过密枝、徒长枝，疏除交叉枝、干枯枝、病虫枝即可。在剪锯伤口直接涂擦愈伤防腐膜可促进伤口愈合，也可防病菌侵染，还可防土、雨水污染，甚至可防冻和防伤口干裂。

第二节　　园林植物养护管理技术

一、园林植物的土壤管理

在进行园林植物规划设计、栽植和养护工作时，必须详细了解园林植物栽植地的土壤状况，即进行土壤调查。土壤调查的方法包括实地勘察、提取土样、土壤检测等。土壤调查的具体内容包括土壤类型、土层厚度、土壤 pH 值、土壤含水量、土壤矿物质含量、土壤层次、土壤有机质含量、土壤地下水位、土壤通气情况、土壤覆盖物、土壤侵入体、土壤温度、土壤质地等。在土壤调查的基础上，根据土壤的具体情况来选择和栽植园林植物，或者根据园林植物对土壤的要求改良土壤，以利于园林植物正常生长发育。

（一）土壤深翻

1.土壤深翻的作用

在园林植物栽植穴外围深翻土壤，有利于扩大根系生长范围、改善土壤的理化性状、增加土壤孔隙度、促进土壤微生物活动、提高土壤肥力，为园林植物根系生长创造有利的土壤条件。

2.土壤深翻的时间

土壤深翻一般在园林植物的落叶期或休眠期进行。对园林树木来说，从园林树木开始落叶至翌年春季萌动前均可深翻，但以树木叶变色期和落叶期深翻为佳，此时地上部分的生长已渐趋缓慢或基本停止，养分开始回流积累，而根系生长仍在进行，甚至还有一次小的生长高峰期。深翻后，根系伤口能够迅速愈合，并生长出部分新根，有利于树木翌年的生长。对园林草本植物来说，在植物的休眠期深翻土壤比较适宜，若深翻与施加有机肥结合，效果会更好。

3.土壤深翻的范围

一般黏重、地下水位低、土层厚的土壤宜深翻，深根性植物宜深翻。园林树木的土壤深翻从树木栽植坑外围开始逐年向外扩展，宽度为40～60 cm，深度一般为60～100 cm。草本植物深翻的范围要靠近植物根系水平分布的外缘，深翻的深度以30～50 cm为宜。园林植物土壤深翻可以每年进行，也可以隔年进行。

4.土壤深翻的方法

园林树木土壤深翻主要有树盘深翻与行间深翻两种。树盘深翻是在树木树冠边缘，即在树冠的地面垂直投影线附近挖取环状深翻沟，这样做有利于根系向外扩展，适用于孤植树和株间距较大的树。行间深翻则是在两排树木间挖取长条形深翻沟，适用于呈行列布置的树木。此外，还有辐射状深翻等方式。

园林植物土壤深翻应结合施肥（主要是有机肥）和灌溉进行。在土壤深翻以后，将地表土和腐熟的农家肥混合均匀回填沟底，有利于改善底层土壤的物理化学性质。原来的底层土壤用于覆盖地表，以利于底层土壤熟化。也可以在养护过程中，将园林绿地产生的枯枝落叶、草坪修剪的草叶与表层土混匀回填，以提高土壤有机质的含量，改善土壤状况。深翻回填以后灌水，有利于回填土壤压实和有机物的转化，使回填土壤尽快适应园林植物根系生长。

（二）垫土和换土

在栽植园林植物时，有时会遇到栽植地土壤不适合园林植物生长的情况，如土壤酸碱度与植物的要求不符、土壤污染严重、土壤杂质太多、没有土层或土层太薄等情况。在土壤短缺和土壤不适合园林植物生长的情况下，必须进行垫土和换土，从而保证园林植物的正常生长发育。

（三）土壤改良

1.土壤质地改良

黏重土壤通气性差，易引起根腐病。沙土不利于保水保肥，可通过增施有机肥的方法进行改良。对于过黏的土壤，在深翻或挖穴过程中，可在施用有机肥的同时掺入适量的粗沙，加沙量应达到原有土壤体积的1/3，这样会达到改良黏土的良好效果。对于沙性土壤，可在施用有机肥的同时掺入适量的黏土或淤泥进行改良。

2.土壤酸碱度调节

pH 过低的土壤，可加石灰、草木灰等碱性物质，其中以石灰应用较为普遍。调节土壤酸度的石灰为石灰石粉（碳酸钙粉）。pH 过高的土壤，可施用释酸物质（如有机肥料、生理酸性肥料、硫黄、硫酸亚铁等）降低酸碱度。盆栽植物可用 1∶180 的硫酸亚铁水溶液浇灌植株来降低盆土的 pH。

（四）中耕除草与地面覆盖

1.中耕除草

中耕的主要作用是切断土壤表层的毛细管，减少土壤水分蒸发，防止土壤返碱，疏松表土，改善土壤的通气和水分状况，加速有机质的分解和转化，提高土壤肥力。在早春中耕可提高土壤温度，利于根系的生长。此外，中耕也是清除杂草的有效方法。

2.地面覆盖

利用植物材料覆盖土壤表面，可以防止或减少水分蒸发、减少地面径流、增加土壤有机质、调节土壤温度、减少杂草生长，为园林植物的生长发育创造良好的环境条件。地面覆盖材料以"就地取材、经济适用"为原则，如树皮、谷草、树叶、豆秸、草炭等。幼树或疏林草地的树木，多在树盘下覆盖，覆盖不宜过厚，一般以 3～6 cm 为宜，一般在生长季节土壤温度较高且土壤较干旱时进行覆盖。

地被植物主要用紧贴地面生长的多年生植物，也可以是一、二年生的较高大的绿肥作物，如苜蓿、草木樨、紫云英等。

二、园林植物的栽培基质管理

园林植物除了在天然土壤中进行栽培外，有时也在人工配制的栽培基质中进行栽培。因此，对园林植物栽培基质的配制及管理也是园林植物栽培管理的一项重要内容。

（一）园林植物栽培基质的种类

1.草炭

草炭，又被称为泥炭、泥炭土、泥煤，富含有机质和腐殖酸，质地很轻，透气性好，保水保肥能力强，一般不含病菌或虫卵。草炭的价格较贵，本身所含养分较少，干燥后再吸水很困难。草炭偏酸性，常分为白草炭、黑草炭两类，不同地区的草炭成分差异较大。

2.园土

园土包括菜园土和田园土两种类型，园土肥力较高，团粒结构较好，但在缺水时容易板结，浇水以后透气性较差，常常带有病菌和虫卵。天热土壤经过多年种植农作物或蔬菜，就形成了园土。

3.腐叶土

腐叶土，又被称为腐殖质土，质地较轻，富含腐殖质，肥力较好，透气性好，可以用来改良土壤。腐叶土的价格较贵，通常偏酸性，枯枝落叶发酵以后就形成了腐叶土，它一般不含病菌和虫卵。

4.珍珠岩

珍珠岩质地轻，排水性、透气性好，一般不分解，浇水时易浮于土面，含少量氟元素，可能会对某些植物造成伤害。珍珠岩一般是白色颗粒，在高温下制成，一般不含病菌或虫卵，与其他基质混合时最好选择较大的颗粒。

5.蛭石

蛭石质地轻，保水、保肥和透气性都很好，不含养分，质地较脆，容易破碎，不适合与土壤混用，长期使用则会导致其透气性和排水性变差。它普遍为黄褐色鳞片状颗粒，有金属光泽，在高温下制成，一般不含病菌或虫卵。

6.河沙

河沙即素沙，它来源较广，价格比较低，在园林植物栽植过程中通常不发生性质变化，排水性、透气性较好，保水、保肥能力较弱，质地很重，不含养分。一般选用较粗的河沙来改善基质的通气性，与其他基质混合时，河沙的用量最好不超过总量的1/4。

7.炉渣

炉渣，也被称为煤渣，它来源广，透气性较好，质地适中，含有较多微量元素，有时也可能含有一些有害成分。炉渣呈碱性，与其他基质混合时最好不超过总量的3/5。

8.稻壳

稻壳质地较轻，未炭化的稻壳透气性较好。炭化后的稻壳保肥能力会增加，可能带有病菌。与其他基质混合时，适度炭化的稻壳不会影响其他基质的性能。

9.木屑（锯末）

木屑（锯末）透气性好，保水、保温性好，质地轻，单独使用时较难固定植株，必须发酵后才能作为栽培基质。

10.陶粒

陶粒质地轻，能浮于水面，透气性好，一般不分解，在高温下制成，一般不含病菌或虫卵。在盆栽基质中，陶粒的用量不宜超过总量的1/5。

（二）园林植物栽培基质的配制

园林植物栽培基质的配制以土壤、沙、腐殖质及有机肥为主体，配制后的栽培基质可用于苗床栽培或容器栽培。用于容器栽培时，多用培养土，要求栽培基质理化性质良好，有较好的保水、排水能力和通气性，主要可分为以下几类（都需要在消毒以后方能使用）：

1.扦插苗移植栽培基质

扦插苗移植栽培基质用黄沙、土壤和腐叶土以2∶1∶1的比例配制而成。在移植酸性土园林植物的扦插苗时可用草炭代替腐叶土。

2.移植苗栽培基质

移植苗栽培基质用黄沙、土壤和腐叶土以1∶1∶1的比例配制而成。

3.盆花栽培基质

栽培天竺葵、吊钟海棠、菊、棕榈科植物时，其栽培基质可用黄沙、土壤、腐殖质、干燥腐熟牛厩肥以2∶4∶2∶1的比例混合，再加入适量骨粉配制而成。

4.多腐殖质的盆花栽培基质

栽培秋海棠类、多数蕨类、报春花类等植物时，其栽培基质可用黄沙、土壤、腐殖质、干燥腐熟牛厩肥以4∶4∶4∶1的比例混合，再加入适量骨粉配制而成。

5.木本植物盆栽基质

栽培杜鹃、瑞香等木本植物时，其栽培基质可用黄沙、土壤、草炭、腐殖质、干燥腐熟牛厩肥以4∶4∶4∶2∶1的比例配制而成。

6.仙人掌科和多肉植物栽培基质

仙人掌科和多肉植物栽培基质可用黄沙、土壤、细碎盆粒、腐殖质土以4∶4∶2∶1的比例混合，再加入适量骨粉和磨碎的石灰石配制而成。

三、园林植物的养分管理

（一）园林植物施肥的作用

施肥是当土壤和栽培基质里的矿物元素不能满足园林植物生长发育所需时，人为地给园林植物补充营养的一种管理方法。园林植物施肥的目的是调节土壤和栽培基质的矿物元素含量，改善土壤和栽培基质的综合性状，进而促进园林植物的生长发育。

园林植物施肥的作用有以下几个方面：

1.增加土壤和栽培基质养分

无论施用有机肥料还是无机肥料，都能增加土壤养分。无机肥料大多易于溶解，施用后除部分肥料被土壤吸收保蓄外，大部分肥料都可以被植物立即吸收。有机肥料中的少量养分可供植物直接吸收利用，大部分有机质需要经微生物分解后才能被植物吸收利用。有机质分解产生二氧化碳、各种有机酸和无机酸，其中，二氧化碳可被植物直接吸收利用。二氧化碳溶解在土壤水分中，能形成碳酸和其他各种有机酸、无机酸，从而促进土壤中某些难溶性矿质养分溶解，增加土壤中有效养分的含量。有些肥料，如石灰、石膏，除直接增加土壤养分外，还能通过调节土壤性状，进而提高土壤中有效养分的含量。

2.改善土壤和栽培基质结构

施用有机肥料和含钙质多的肥料，除能增加土壤养分外，还能促进土壤团粒结构的形成。因为有机肥料可以在土壤中的微生物作用下进行矿化作用，增加土壤中的有效养分，同时也增加土壤腐殖质含量。腐殖质在土壤中遇到钙离子就会和土粒凝聚在一起，形成水稳定性团粒结构，这有利于改善黏土的坚实板结及沙土的跑水漏肥等不良性状，从而增加土壤肥力。

3.改善土壤的水热状况

一般有机质都有吸水和保水的能力，特别是腐殖质这类亲水胶体，保水能力更强。土壤中的腐殖质和黏土粒结合形成团粒，团粒内部有许多毛管孔隙，能保存很多的水分，这些水分能够被植物所利用。腐殖质是棕黑色的物质，如果土壤中腐殖质含量多，则土壤颜色较深，因此可增加日光热能的吸收，有利于提高土壤温度。同时，腐殖质保水能力强，比热容较大，导热性小，土壤温度变化慢，有利于植物生长。

4.增加生理活性物质

增施有机肥能促进微生物的活动。微生物的活动不仅能增加土壤中的矿物质营养和腐殖质，还能产生多种维生素、抗生素、生长素等，从而促进植物根系发育、刺激植物生长、增强植物抗病能力。

（二）园林植物施肥的原则

1.根据园林植物的生长特性施肥

不同种类的园林植物，对土壤和栽培基质矿物元素需求的种类和数量不同。因此，要根据园林植物对土壤矿物元素的需求有针对性地进行施肥。

园林植物在不同的生长发育阶段，对土壤和栽培基质矿物元素的需求不同。在园林植物的快速生长期，水分供应充足，园林植物的生长在很大程度上取决于氮元素的供应，从生长初期到生长旺盛期，园林植物的需氮量逐渐提高。随着快速生长阶段的结束，园林植物的需氮量大幅降低，但仍需吸收少量氮元素。园林植物的整个生长期都需要氮元素，但需要的数量根据园林植物生长发育阶段的不同而变化。园林植物在缓慢生长期时，除需要一定数量的氮、磷元素外，还需要一定数量的钾元素，园林植物在钾元素供应充分的情况下，能够维持植株叶片较高的光合作用，提高园林植物的抗寒性。在氮、钾元素供应充足的情况下，多施磷元素有利于植株形成花芽。在园林植物的开花期、坐果期和果实发育期，钾元素的作用更为重要。充足的钾元素供应有利于促进园林植物的正常生长和花芽分化。园林植物在生长后期，对氮元素和水分的需要有所减少，对磷、钾元素的需求增多，因此，在园林植物的生长后期应控制氮元素，控制土壤和基质的水分含量，增施磷、钾元素，以利于园林植物顺利进行营养物质积累和转入休眠期。

2.根据气候条件施肥

在园林植物开始生长的时期，即在气温较低的情况下，园林植物生长较为缓慢，对矿物元素的吸收也较弱，此时可以施缓效肥料。在高温季节，园林植物的生长发育加快，进入快速生长期，此时应该增施速效化肥，特别是氮元素的施用，可以大大促进园林植物的生长发育。进入秋季，气温缓慢下降，园林植物的生长发育也开始变缓，进入营养物质转化与积累的时期，此时应增加磷钾肥的施用，同时控制氮肥和水分的含量，这样有利于园林植物在由快速生长期转入休眠期的过渡期进行营养物质转化与积累，保证园林植物安全渡过休眠期。在冬季低温季节，园林植物生长发育缓慢或进入休眠期，对土壤和基质矿物元素需求较少或基本没有需求，此时可以施用有机肥料和缓效化肥，为园林植物下一年的生长发育做好准备。

3.根据土壤条件和栽培基质施肥

只有在土壤和栽培基质对某一养分供应不足时，才需要施肥，而且并不需要把所有的必需元素施入土壤，因为大多数营养元素都能由土壤充分供应。盲目施肥会造成浪费，甚至会造成植物中毒。肥料施入土壤和栽培基质后会发生一系列变化，在不同程度上影响施肥效果。如沙土施肥宜少量多次，而黏土施肥可减少次数，加大每次施肥量。土壤在酸性条件下，有利于硝态氮的吸收；而在中性或微碱性条件下，则有利于铵态氮吸收。

4.根据肥料性质合理施肥

一些易流失挥发的速效性肥料（如碳酸氢铵），宜在园林植物快速生长期施用；而迟效性的有机肥，需要充分腐熟分解后才可被园林植物吸收利用，故应在园林植物休眠期提前施入。氮肥在土壤中移动性强，可浅施；而磷肥移动性较差，则宜深施。肥料的施用量应本着宜淡不宜浓的原则，否则易烧伤根系。在实际工作中，园林植物施肥应采用测土配方施肥的方法，以便全面、合理地供应树木正常生长所需要的各种养分。

5.合理控制施肥量

在追肥时，要针对每种园林植物选用不同的施肥量，不可过多或过少。若氮肥追肥过量，容易造成园林植物徒长；若磷肥施用过量，会缩短园林植物生长期，使其过早熟化。因此，在追肥时不仅要注意数量，还要做好搭配，不可偏施某种化肥，否则，尽管其他养分充足，园林植物的生长发育也会在某种养分缺少时受到影响，导致生长不良。只有各种养分搭配合理、施肥量合适时，才能达到较好的施肥效果。

（三）园林植物肥料的种类

肥料分为有机肥料、无机肥料和微生物肥料。肥料种类不同，其营养成分、性质、施用对象与条件也不相同。

1.有机肥料

有机肥料指以有机质为主的肥料，如人粪尿、厩肥、堆肥、绿肥、枯枝、落叶、饼肥等，一般农家肥均为有机肥料。有机肥料要经过土壤微生物的逐渐分解才能为植物所利用，故又被称为迟效性肥料。有机肥料中含有大量的有机质，经过微生物作用，形成腐殖质，从而改良土壤结构，使土壤疏松绵软、透气良好，有助于提高土壤保水、保肥能力，促进植物根系的生长发育。

2.无机肥料

无机肥料，又被称为化学肥料、矿质肥料，按其所含营养元素种类不同，可分为氮肥、磷肥、钾肥、钙肥、镁肥、微量元素肥料、复合肥料等。无机肥料大多属于速效性肥料。

（1）氮肥

常见的肥料有尿素、硫酸铵和硝酸铵等，它们是速效氮的主要肥源，是植物合成蛋白质所需要的主要元素之一。氮肥可配制成浓度低于0.1%的溶液并结合灌水施肥，溶液浓度过高则会造成植物脱水死亡。

（2）磷肥

过磷酸钙及磷矿粉是常见的磷肥，它有助于花芽分化，能强化植物的根系，并能增强植物的抗寒性。它们的肥效较缓慢，在园林植物栽培过程中一般作为基肥使用。

（3）钾肥

钾是构成植物灰分的主要元素，可增强植物的抗逆性和抗病力，是植物不可缺少的元素之一。常用的钾肥有氯化钾和硫酸钾。

（4）复合肥

复合肥的种类较多，成分中含有氮、磷、钾 3 种元素或含其中 2 种元素的化学肥料，即为复合肥。常见的复合肥有磷酸二氢钾、俄罗斯复合肥、二铵等。现在市面上还出现了一些专用复合肥，如观叶植物专用肥、木本花卉专用肥、草本花卉专用肥、酸性土花卉专用肥、仙人掌类专用肥及盆景专用肥等。

（5）微量元素肥料

微量元素在植物发育过程中需求量较少，但有些植物在生长过程中缺乏微量元素就会表现出失绿、斑叶等现象。如缺铁会表现为失绿；缺硼会表现为顶芽停止生长，植株矮化，叶形变小；缺锌会表现为失绿及小叶病等。

微量元素肥料的施用浓度：硼肥叶面喷施浓度为 0.1%～0.25%，锌肥喷施浓度为 0.05%～0.2%，钼肥喷施浓度为 0.02%～0.05%，铁肥喷施浓度为 0.2%～0.5%，锰肥喷施浓度为 0.05%～0.1%。

3.微生物肥料

微生物肥料是用对植物生长有益的土壤微生物制成的肥料。微生物肥料是菌而不是肥，其本身并不含有植物需要的营养元素，而是通过所含的大量微生物的生命活动来改善植物土壤和基质的营养条件。微生物肥料分为细菌肥料和真菌肥料。细菌肥料由固氮菌、根瘤菌、磷化细菌和钾细菌等制成；真菌肥料由菌根菌等制成。

（四）园林植物的施肥时间

园林植物具体的施肥时间，是根据园林植物的生长情况和季节确定的，生产上一般分为基肥和追肥。

1.基肥的施用时间

秋施基肥以秋分前后施入效果最好，此时正值植物根系的生长高峰期，植物伤根后容易愈合，并可促发新根生长；施入的有机质腐烂分解的时间也较长，有利于为翌年园林植物生长提供养分。春施基肥时，有机质没有充分分解，肥效发挥较慢，早春不能供给根系吸收，到生长后期肥效才能发挥作用。

2.追肥的施用时间

追肥是指在园林植物的生长期对植物进行施肥。当土壤或基质中的矿物元素不能满足园林植物生长发育的需要时，就必须及时追肥，以满足园林植物生长发育的需要。追肥时间与园林植物的生长习性、气候、生长发育时期、用途等因素有关。要依据园林植物各生长发育时期的特点进行追肥，如对观花、观果树木来说，花芽分化期和开花后的追肥比较重要。对大多数园林植物来说，在旺盛生长期都要进行追肥。

四、园林植物的水分管理

（一）园林植物的水分管理的意义

园林植物的一切生命活动都与水有着极其密切的关系。土壤和栽培基质中水分过多或过少，均不利于园林植物生长发育。合理地灌水与排水，维持适宜园林植物生长发育的土壤和栽培基质的含水量，才能保持园林植物水分代谢的平衡，保证园林植物的正常生长发育。

（二）园林植物灌水的时间

园林植物灌水的时间要根据园林植物生长发育时期和土壤含水量的变化情况确定。在园林植物生长期，土壤含水量达到田间最大持水量的60%～80%时最适合园林植物生长发育的需要。当土壤含水量降至田间最大持水量的50%时，需要及时补充水分。可以通过测量土壤含水量来确定园林植物灌水的时间，也可以观测园林植物地上部分的生长状况，如叶片色泽、叶片萎蔫度、气孔开张度等生物学指标，或测定植物叶片细胞液浓度、水势等生理指标，以确定灌水时期。一般在园林植物定植时要大量浇水，在植物休眠期和生长期的特定时间灌水。

1.园林植物休眠期灌水

（1）灌冻水

灌冻水是指在土壤结冻前给园林植物灌水，这是北方园林植物水分管理的重要措施。灌冻水有利于园林植物安全越冬和防止早春干旱。

（2）灌萌动水

灌萌动水是指在园林植物萌芽时灌水。灌萌动水有利于园林植物结束休眠期，并顺利转入生长期，有利于新梢生长和春季开花。灌萌动水是园林植物春季管理的重要措施之一。

2.园林植物生长期灌水

园林植物生长期灌水一般分花前灌水、花后灌水、花芽分化期灌水，以及快速生长期灌水。

（1）花前灌水

在园林植物开花前灌水可以保证良好的观花效果，同时还可以防止春寒和晚霜的危害。花前灌水的时间要根据当地自然条件和园林植物的开花时间确定。

（2）花后灌水

园林植物花后灌水有利于园林植物的果实生长、枝条生长及花芽分化。

（3）花芽分化期灌水

园林植物一般是在新梢生长缓慢或停止生长时开始花芽的生理分化，此时正是果实速生期，需要较多的水分和养分，若水分和养分不足会影响果实生长和花芽分化。因此，在园林植物新梢停止生长前应及时且适量地灌水，这样可促进新梢的生长而抑制秋梢的生长，有利于花芽分化和果实发育。

（4）快速生长期灌水

园林植物快速生长期，是园林植物在一年的生长发育过程中需水量最大的时期，因此，在园林植物快速生长期进行灌水非常重要。只有保证园林植物在快速生长期有充足的水分供应，才能使园林植物正常生长发育，从而实现园林植物栽培的目的。园林植物生长期灌水的时间和次数要根据园林植物生长发育需要、当地降水量和土壤含水量等具体情况确定。

（三）园林植物的喷灌

1.喷灌的概念

喷灌是用专门的管道系统和设备，将有压水送至灌溉地段并喷射到空中，形成细小水滴洒到田间的一种灌溉方法。这种灌溉方法利用机械和动力设备，使水通过喷头（或喷嘴）射至空中，以雨滴状态降落田间的灌溉方法。喷灌设备由进水管、抽水机、输水管、配水管和喷头（或喷嘴）等部分组成，既可以是固定的，也可以是移动的。

2.喷灌的优点

由于喷灌可以控制喷水量和喷水的均匀程度，避免产生地面径流和深层渗漏损失的情况，水的利用率大大提高，因此喷灌比地面灌溉节省水量。喷灌便于实现机械化、自动化灌水，还可以结合喷灌施入化肥和农药。喷灌不需要田间的灌水沟渠和畦埂，它比地面灌溉更能充分利用耕地，提高土地利用率。喷灌便于严格控制土壤水分，使土壤湿度维持在园林植物生长最适宜的范围。喷灌能冲掉植物茎叶上的尘土，有利于植物的呼吸作用和光合作用。喷灌对土壤不产生冲刷作用，有利于保持土壤的团粒结构，使土壤疏松多孔，通气性好，有利于植物生长。喷灌对各种地形适应性强，在坡地和起伏不平的地面均可进行喷灌，特别是土层薄、透水性强的沙质土，非常适合喷灌。

3.喷灌的缺点

与地面灌溉相比，喷灌系统投资成本较高。喷灌受风和空气湿度影响大，当风速在$5.5 \sim 7.9 \ m/s$（即四级风以上）时，风能吹散水滴，使灌溉均匀性大大降低，飘移损失增大。当空气湿度过低时，蒸发损失加大。喷灌耗能较大，为了使喷头运转和达到灌水均匀的目的，必须给水一定的压力，除自压喷灌系统外，喷灌系统都需要加压，需要消耗一定的能源。

4.灌溉系统的自动控制

目前常用的自动控制灌溉系统可分为时序控制灌溉系统、ET 智能灌溉系统、中央计算机控制灌溉系统等。

（1）时序控制灌溉系统

时序控制灌溉系统是将灌水开始时间、灌水延续时间和灌水周期作为控制参量，实现整个系统的自动灌水。其基本组成包括控制器、电磁阀，还可选配土壤水分传感器、降雨传感器及霜冻传感器等设备，其中控制器是系统的核心。灌溉管理人员可根据需要将灌水开始时间、灌水延续时间、灌水周期等控制参量设置到控制器的程序当中，控制器通过电缆向电磁阀发出信号，开启或关闭灌溉系统。目前，国内的自动控制灌溉系统大多数是时序控制灌溉系统。

（2）ET 智能灌溉系统

ET 智能灌溉系统是将与植物需水量相关的气象参量（如温度、相对湿度、降水量、辐射、风速等）通过单向传输的方式，自动将气象信息转化为数字信息传递给时序控制器。使用时只需将每个站点的信息（如坡度、作物种类、土壤类型、喷头种类等）设定完毕，无须对控制器设定开启、运行、关闭时间，整个系统将根据当地的气象条件、土壤特性、作物类别等不同情况，实现自动化精确灌溉。

（3）中央计算机控制灌溉系统

中央计算机控制灌溉系统是把园林植物与水相关的气象参量（如温度、相对湿度、降水量、辐射、风速等）通过自动电子气象站反馈到中央计算机，中央计算机会自动计算当天所需灌水量，并通知相关的执行设备去开启或关闭某个子灌溉系统。在中央计算机控制灌溉系统中，上述时序控制灌溉系统可作为子系统。

美国的中央计算机控制灌溉系统，可通过有线、无线、光缆、电话线，甚至手机网络等方式对无限量的子系统实现计算机远程控制。例如，小到一个公园、大到一个城市甚至几个城市的所有园林灌溉系统，均可由一台中央计算机进行自动控制。这种中央计算机控制灌溉系统是真正意义上的自动灌溉系统，目前在很多发达国家的园林绿地、高尔夫球场广泛采用。

五、园林植物的光照管理

园林植物的正常生长发育是在一定的光照条件下进行的，因此，园林植物的光照管理也是园林植物养护管理的重要内容之一。

（一）园林植物光照管理的意义

园林植物正常生长发育所需的有机营养物质大部分来源于植物叶片的光合作用，而光合作用的能量来源主要是太阳光和设施栽培的人工光源。因此，在园林植物栽培管理的过程中，对园林植物的光照管理成为一项重要的管理内容。园林植物的光照管理就是努力为园林植物提供适宜的光照条件，以满足园林植物正常生长发育对光照的要求。园林植物对光照的要求包括对光照度、光照时间、光照周期、光照成分等几个方面的要求，不同种类的园林植物，或同一种类的园林植物的不同生长发育阶段对光照的要求也不同。因此，在园林植物光照管理的过程中，必须了解和掌握不同园林植物及其不同生长发育阶段对光照要求的特点，才能有针对性地做好光照管理工作。

（二）园林植物对光照要求的特点

所有的园林植物生长发育都需要一定的光照条件，如果不能满足园林植物对光照的要求，园林植物就会生长不良或死亡。

1.园林植物对光照度的要求

不同园林植物对光照度的要求不同，同一种园林植物在不同生长发育阶段对光照度的要求也不同。根据园林植物对光照度的要求不同，可将园林植物分为喜光植物、耐阴植物和中性植物。园林植物在休眠期几乎不需要光照，而园林植物在快速生长期对光照的要求较高，园林植物在萌动期、落叶期对光照的要求较低。

2.园林植物对光照时间的要求

不同园林植物对光照时间的要求不同，同一种园林植物在不同生长发育阶段对光照时间的要求也不相同。在园林植物生长期内的一天中，园林植物的生长发育可以分为光照阶段和黑暗阶段。在光照阶段，园林植物进行光合作用、呼吸作用和蒸腾作用，这一阶段是园林植物合成有机物的主要阶段。在黑暗阶段，园林植物主要进行呼吸作用，分解体内有机物，释放能量。

3.园林植物对光质的要求

不同园林植物对太阳光各种成分的要求不同。绿色植物的外表之所以呈现绿色，是因为绿色植物主要吸收利用太阳光照的红橙光和蓝紫光，从而反射太阳光谱中的绿色光。有的园林植物叶片呈现紫红色、金黄色，也是同样的道理。因此，研究园林植物对不同颜色光照的要求，调节园林植物光照的颜色，也是园林植物光照管理的重要内容之一。

（三）园林植物光照管理的内容

园林植物光照管理的内容主要包括园林植物光照环境调查、根据光照条件配置园林植物和设施栽培园林植物的光照管理。

1.园林植物光照环境调查

在园林植物规划设计前或栽植前，必须对园林植物栽植环境的光照情况进行调查。光照环境调查的主要内容有光照度、光照时间、建筑物对光照的阻挡情况等。在光照条件不太好的地方优先选择耐阴植物、草坪或进行地面硬化。

2.根据光照条件选择配置园林植物

在园林植物规划设计时，要根据栽植环境的光照条件合理地选择和配置园林植物。

在光照充足的地方优先选择高大喜光的园林树木进行配置；在光照较弱的地方则选择较耐阴的草本植物进行配置，如栽植草坪和乡土草本植物等；对于光照阻挡严重、光照严重不足的地方，规划设计时可以考虑将这些地方作为停车场、人行道等，在夏季可以起到遮阳的作用。在确定园林植物栽植密度时，要充分考虑植物对光照的要求，设计合理的栽植密度，使每株植物都能得到充足的光照。在高大乔木的树荫下栽植耐阴的灌木或草本植物，能达到立体绿化的效果。

3.设施栽培园林植物的光照管理

对于设施栽培园林植物，要根据不同园林植物和园林植物不同生长发育阶段对光照的要求合理调节光照。首先，从栽培设施的材料、结构、朝向设计方面来考虑，满足植物对光照的要求。其次，可以采用人工补充光照和遮阳的方法来调节栽培设施内部光照，调节光照度、光照时间和光照光谱成分，以满足园林植物生长发育对光照的要求。

六、园林植物的空气管理

（一）园林植物空气管理的意义

园林植物的地上部分生活在空气中，园林植物的生长发育与其周围空气有密切的关系。空气中的氧气是园林植物呼吸作用所需要的成分，空气中的二氧化碳是园林植物光合作用的原料，空气的温度变化决定园林植物生长与休眠的交替，决定园林植物生长速度的快慢。空气中的有害气体和灰尘会影响园林植物的生长或导致园林植物死亡。因此，园林植物空气管理是园林植物养护管理的重要内容之一。

（二）园林植物空气环境调查

在园林植物规划设计、栽植和养护的过程中，要对园林植物栽植地的空气环境进行调查。因为地球表面大气的组成部分一般比较稳定，所以园林植物空气环境调查的主要内容是空气污染情况，如有害气体的种类和浓度、空气中颗粒物的种类和含量等。

在空气环境调查的基础上有针对性地选择适合的园林植物进行栽植。在园林植物养护的过程中则尽量减少空气中有害物质对园林植物的影响。

（三）根据空气环境选择园林植物

在空气环境调查的基础上，针对环境空气状况选择适宜的园林植物。若植物栽植环境空气中二氧化硫的含量较高，则选用耐二氧化硫的植物或吸收二氧化硫能力强的植物；空气中粉尘较多时，宜选择耐粉尘的园林植物进行栽植。

（四）园林植物空气管理的内容

园林植物空气管理的主要内容是根据环境空气状况选择适宜的园林植物种类和品种。在空气污染比较严重时，应努力降低空气污染对园林植物的危害，如减少或停止环境中有毒气体的排放，降低环境中空气粉尘的含量。

在密闭的设施中栽培园林植物会出现空气中二氧化碳浓度过低的情况，在这种情况下，可以采用施二氧化碳肥的方法来调节空气中二氧化碳的浓度，以满足园林植物正常生长发育的需要。在设施栽培过程中还要注意通风换气，从而促进园林植物的生长发育。

七、园林植物的温度管理

（一）园林植物温度管理的意义

园林植物的一切生命活动都是在一定的环境温度下进行的，环境温度的变化决定了园林植物的生长发育和休眠，也决定了园林植物生长速度的快慢和园林植物的季相变化。不同种类的园林植物对环境温度的要求不同，同一种园林植物的不同生长发育阶段对环境温度的要求也不同。环境温度不适宜会导致园林植物生长发育不良甚至死亡。因此，在园林植物养护管理的过程中，创造适宜园林植物生长发育的温度环境，是园林植物养护管理的重要内容之一。

园林植物的生长环境温度包括气温和地温两个方面。在园林植物栽培过程中，要了解不同种类园林植物对环境气温和地温的要求，调节植物生长环境的气温和地温以创造适宜园林植物生长发育的最佳温度环境，保证园林植物正常生长发育。

（二）园林植物温度环境调查

露地栽培园林植物前一定要了解环境温度状况，环境温度状况包括一个地方的年平均温度、极端最高气温、极端最低气温、年积温等情况，应根据栽植地温度情况选择适宜的园林植物进行栽培。对于用设施栽培的园林植物，要调查栽培设施的温度调节性能，掌握栽培设施所能达到的最高温度、最低温度等情况，根据设施的温度调节性能选择适宜的园林植物进行栽植。

（三）根据温度环境选择园林植物

在园林植物规划设计时，要根据栽植地的温度条件选择适宜的园林植物。在了解栽植地年平均气温、年极端气温、气温日变化和地温变化的基础上，选择适宜栽植地气温和地温的园林植物进行栽植，这样可以保证植物在冬季不受冻害，在夏季能够正常生长、开花结实，使园林植物充分发挥自己的优良特性，达到良好的园林绿化效果。

（四）园林植物温度管理的内容

园林植物的温度管理主要是针对设施栽植的园林植物，对它们进行温度调节，以保证园林植物生长发育的各个阶段都能够有适宜的温度环境，同时控制昼夜温度差，以利于提高植物光合作用效率，降低植物呼吸作用对体内养分的消耗，促进植物体营养物质的积累，从而达到良好的栽培效果。

八、园林植物病虫害防治

（一）园林植物病虫害概述

园林植物病虫害是病害和虫害的统称。

1.园林植物病害

园林植物在生长发育过程中，可能会受到有害生物的侵染或不良环境条件的影响，其正常的新陈代谢受到干扰，从生理机能到组织结构发生一系列的变化，以致在外部形态上呈现反常的病变现象，如枯萎、腐烂、斑点、霉粉、花叶等，这些病变现象统称为病害。

引起园林植物发病的原因主要包括生物因素和非生物因素。由真菌、细菌、病毒等侵入植物体（生物因素）所引起的病害具有传染性，此病害被称为侵染性病害或寄生性病害；由非生物因素如旱、涝、严寒、养分失调等因素引起的病害没有传染性，此病害被称为非侵染性病害。在侵染性病害中，致病的寄生生物被称为病原生物，其中真菌、细菌常被称为病原菌；被侵染植物被称为寄主植物。侵染性病害的发生不仅与病原生物的作用有关系，而且与寄主生理状态、外界环境条件有很大关系，发生侵染性病害是病原生物、寄主植物和环境条件三者相互作用的结果。

根据病原生物的不同，园林植物侵染性病害可分为以下四种：

（1）真菌性病害

真菌性病害指园林植物由真菌侵染所致的病害。真菌性病害一般在高温多湿时发生，病菌多在病残体、种子、土壤中过冬。病菌孢子借风、雨传播。在适合的温度、湿度条件下孢子萌发，长出芽管侵入寄主植物内，危害其生长发育，真菌性病害可造成植物倒伏、死苗、斑点、黑果、萎蔫等病状，病部带有明显的霉层、黑点、粉末等征象。

（2）细菌性病害

细菌性病害指园林植物由细菌侵染所致的病害。侵害植物的细菌都是杆状菌，大多具有一至数根鞭毛，可通过自然孔口（如气孔、皮孔、水孔等）和伤口侵入，借流水、雨水、昆虫等传播，在病残体、种子、土壤中过冬，在高温、高湿条件下易发病。细菌性病害症状表现为萎蔫、腐烂、穿孔等，发病后期如遇潮湿天气，会在病部溢出细菌黏液。

（3）病毒病

病毒病指园林植物受病毒侵染所发生的病害，主要借助带毒昆虫传播，有些病毒病可通过线虫传播。病毒在杂草、块茎、种子和昆虫等活体组织内越冬。病毒病的主要症状为花叶、卷叶、畸形、簇生、矮化、坏死、斑点等。

（4）线虫病

植物病原线虫，体积微小，多数线虫肉眼不可见。线虫寄生于园林植物时可引起植物营养不良、生长衰弱、矮缩，甚至死亡。根结线虫造成寄主植物受害部位畸形膨大；胞囊线虫则造成植物根部须根丛生，地下部分不能正常生长，地上部分生长停滞、黄化等。线虫以胞囊、卵或幼虫等形态在土壤或种苗中越冬，主要通过种苗、土壤、肥料等传播。

2.园林植物虫害

园林植物中有许多昆虫，另外还有螨类、蜗牛、鼠类等。昆虫中虽有很多属于害虫，但也有益虫，对益虫应加以保护、繁殖和利用。因此，认识和研究园林植物中的动物种类，掌握害虫的产生和消长规律，对于防治害虫、保护园林植物具有重要意义。

各种昆虫由于食性和取食方式不同，口器也不相同，主要有咀嚼式口器和刺吸式口器。咀嚼式口器害虫有甲虫、蝗虫及蛾蝶类幼虫等，它们都取食固体食物，危害根、茎、叶、花、果实和种子，造成其机械性损伤，如缺刻、孔洞、折断、钻蛀茎秆、切断根部等。刺吸式口器害虫有蚜虫、椿象、叶蝉和螨类等，它们是以针状口器刺入植物组织吸食食料，使植物呈出现萎缩、皱叶、卷叶、枯死斑、生长点脱落、虫瘿（受唾液刺激而形成）等。了解害虫的口器，既可以根据植物受害的状况去识别害虫种类，也可以为药剂防治提供依据。

（二）园林植物病虫害的化学防治

1.化学防治的概念及特点

化学防治，又被称为农药防治，是用化学药剂的毒性来防治植物病虫害的一种方法。化学防治是植物保护工作中最常用的方法，也是综合防治工作中的一项重要措施。其主要优点是作用快，效果好，使用方便，能在短期内控制或消灭大量发生的病虫害，不受地区和季节性限制，是目前防治病虫害的重要手段之一，其他防治方法尚不能完全代替它。但农药使用不当会对植物产生药害，引起人畜中毒，杀伤有益微生物，导致病原物产生抗药性。农药的高残留还会造成环境污染。当前，化学防治是防治植物病虫害的关键措施，在面临病害严重的紧急时刻，化学防治甚至是唯一有效的措施。近年来，由于农药的不合理使用给生态环境造成了一些不良影响，人们越来越重视对园林植物进行生物防治。

2.农药的种类

根据农药使用对象的不同可将农药分为杀虫剂、杀螨剂、杀菌剂、杀鼠剂、除草剂、杀线虫剂等。

根据农药作用范围的不同可将农药分为广谱性农药，如滴滴涕；选择性农药，如灭蚜松。

根据农药毒性作用及侵入途径的不同可将农药分为触杀剂、胃毒剂、内吸剂、熏蒸剂、拒食剂、驱避剂。

3.化学防治的原理

（1）杀伤有害生物

杀伤有害生物是化学防治速效性的物质基础。如杀虫剂中的神经毒剂在接触虫体后可使其迅速中毒死亡；用杀菌剂进行种苗和土壤消毒，可使病原菌被杀灭或被抑制；喷洒触杀性除草剂可以很快使杂草枯死；施用速效性杀鼠剂可在很短时间内使鼠中毒死亡等。

（2）抑制或调节有害生物生长发育

有些农药能干扰或阻断有害生物生命活动中的某一生理过程，使有害生物丧失危害植物的能力或丧失繁殖的能力。如灭幼脲类杀虫剂能抑制害虫表皮层的内层几丁质骨化过程，使之死于脱皮障碍；化学不育剂作用于有害生物的生殖系统，可使害虫、害鼠丧失繁殖能力；早熟素能阻止或破坏保幼激素的合成、释放，使幼虫提前进入成虫期，使雌虫丧失生殖能力；波尔多液能抑制多种病原菌孢子萌发；多菌灵能抑制多种病原菌分生孢子的形成和散发等。

（3）调节有害生物行为

有些农药能调节有害生物的觅食、交配、产卵、集结、扩散等行为，导致有害生物种群逐渐衰竭。如拒食剂使害虫、害鼠停止取食；驱避剂迫使害虫远离作物；报警激素使蚜虫分散逃逸；食物诱致剂与毒杀性农药混用可引诱害虫、鼠类取食，从而使其中毒死亡。

（4）增强植物抵抗有害生物的能力

有些化学药剂能改变植物的组织结构或生长情况，以及影响植物代谢过程。如用赤霉素浸种，可加速出苗，避开病原微生物侵染的时期；用 DL-苯基丙氨酸诱发苹果树产生根皮素，可增强多元酚氧化酶的活性，从而使苹果树产生对黑星病的抗菌力；利用化学药剂诱发作物产生或释放某种物质，可增强其自身抵抗力等。

4.施药方法

在使用农药时，需根据药剂特点、植物特点与病害特点选择施药方法，以便充分发挥药效，避免药害，尽量减少农药对环境的不良影响。杀菌剂与杀虫剂的主要施药方法有以下几种：

（1）喷雾法

喷雾法是利用喷雾器械将药液雾化后均匀喷洒在植物和有害生物表面，按用液量不同可分为常量喷雾、低容量喷雾和超低容量喷雾三种形式。所用农药剂型为乳油、可湿性粉剂、可溶性粉剂、水剂和悬浮剂（胶悬剂）等，兑水后可配成规定浓度的药液喷雾。常量喷雾所用药液浓度较低，用量较多；低容量喷雾所用药液浓度较高，用量较少，雾滴易受风力影响而被吹送飘移。

（2）喷粉法

利用喷粉器械喷撒粉剂的方法被称为喷粉法。该方法工作效率高，不受水源限制，适用于大面积病虫害防治。其缺点是耗药量大，易受风的影响，散布不易均匀，粉剂在茎叶上的附着性差。

（3）种子处理法

种子处理可以防治种传病害，并保护种苗免受土壤中病原物侵染，用内吸剂处理种子还可以防治植物地上部分的病害和虫害。拌种剂（粉剂）和可湿性粉剂可用干拌法拌种；乳剂和水剂等液体药剂可用湿拌法，即加水稀释后，喷在干种子上拌和均匀。常用的种子处理法有拌种法、浸种法、闷种法和应用种衣剂。浸种法是用药液浸泡种子；闷种法是用少量药液喷拌种子后，堆闷一段时间再播种；应用种衣剂为种子包衣，杀菌剂可缓慢释放，延长其有效期。

（4）土壤处理法

在播种前将药剂施于土壤中，主要是为了防治植物根病。土壤处理法是用喷雾、喷粉、撒毒土等方法将药剂全面施于土壤表面，再翻耙到土壤中。施药后再深翻或用器械直接将药剂施于较深土层的办法，被称为深层施药。丙线磷、硫线磷、苯线磷、棉隆、二氯异丙醚等杀线虫剂，均用穴施法或沟施法进行土壤处理。植物生长期也可用撒施法、泼浇法施药。

撒施法是将杀菌剂的颗粒剂或毒土直接撒布在植株根部周围的防治方法。毒土是由乳剂、可湿性粉剂、水剂或粉剂，与具有一定湿度的细土按一定比例混匀制成的。用撒施法施药后应灌水，以便药剂渗透到土壤中。泼浇法是将杀菌剂加水稀释后泼浇于植株基部的防治方法。

（5）熏蒸法

用熏蒸剂释放有毒气体，在密闭或半密闭设施中杀灭害虫或病原物的方法，被称为熏蒸法。有的熏蒸剂还可用于土壤熏蒸，即用土壤注射器或土壤消毒机，将液态熏蒸剂注入土壤内，使熏蒸剂在土壤中以气体的状态扩散。土壤熏蒸后需按规定等待较长的时间，待药剂充分挥发后才能播种，否则易产生药害。

（6）烟雾法

烟雾法指利用烟剂或雾剂防治病害的方法。烟剂是农药以固体微粒的形式分散在空气中的农药剂型，雾剂是农药以小液滴的形式分散在空气中的农药剂型。施药时用物理加热法或化学加热法引燃烟雾剂。

（三）园林植物病虫害生物防治

1.生物防治病虫害的概念

生物防治病虫害是指利用一种或一类生物，防治另外一种或一类生物的方法，也是利用各种有益的生物来防治病虫害的方法。生物防治大致可以分为以虫治虫、以鸟治虫和以菌治虫三类。生物防治是降低杂草和害虫等有害生物种群密度的一种方法，它利用生物物种间的相互关系，以一种或一类生物来抑制另一种或另一类生物。生物防治的优点是不污染环境，这是农药等非生物防治病虫害方法所不能比拟的。

2.生物防治病虫害的方法

生物防治病虫害的方法有很多，常见方法主要有以下几种：

（1）利用天敌防治

如今，利用天敌防治有害生物的方法应用得最为普遍。每种害虫都有一种或几种天敌，合理地利用害虫的天敌能有效抑制害虫的大量繁殖。

目前应用于生物防治的生物可分为以下几类：

第一，捕食性生物。主要包括草蛉、瓢虫、步行虫、畸螯螨、钝绥螨、蜘蛛、蛙、蟾蜍、食蚊鱼、叉尾鱼，以及许多食虫益鸟等生物。

第二，寄生性生物。主要包括寄生蜂、寄生蝇等。

第三，病原微生物。主要包括苏芸金杆菌、白僵菌等。

在我国，利用大红瓢虫防治柑橘吹棉蚧，利用白僵菌防治大豆食心虫和玉米螟，利用金小蜂防治越冬红铃虫，利用赤小蜂防治蔗螟等都获得了成功。

（2）利用植物对病虫害的抗性防治

这种防治方法指选育具有抗性的植物品种防治病虫害。植物的抗虫性表现为忍耐性、抗生性和无嗜爱性。忍耐性是植物在受有害生物侵袭的情况下，仍能保持正常生长发育；抗生性是植物能对有害生物的生长发育或生理机能产生影响，抑制它们的发育速度，使雌性成虫的生殖能力减退；无嗜爱性是植物对有害生物不具有吸引力。

（3）栽培防治

栽培防治是指改变园林植物的生长发育环境，减少有害生物的产生。

（4）不育昆虫防治和遗传防治

不育昆虫防治是收集或培养大量有害昆虫，用 γ 射线或化学不育剂使有害昆虫成为不育个体，再把不育昆虫释放出去与野生害虫交配，使其后代失去繁殖能力。

遗传防治是通过改变有害昆虫的基因成分，使其后代的活力降低、生殖力减弱或出现遗传不育等现象。

此外，利用一些生物激素或其他代谢产物，使某些有害昆虫失去繁殖能力，也是不育昆虫防治的方法之一。

参 考 文 献

[1]张良.衡水市园林植物造景存在的问题及对策研究[J].现代农村科技，2020（10）：55-56.

[2]何进，张云峰.植物造景在园林景观设计中的应用：评《园林植物造景与设计》[J].植物学报，2020，55（4）：530.

[3]蔡子良.园林植物造景艺术及原则研究进展[J].绿色科技，2020（5）：72-73.

[4]王荷，黄顺，余俊.基于工作过程的农业院校高职课程"植物造景设计"教学内容设计与组织研究[J].安徽农学通报，2019，25（23）：128-130.

[5]徐若凡.中西方园林植物造景的差异[J].现代园艺，2019（21）：118-119.

[6]沈甜甜.园林植物造景设计与实践[J].绿色科技，2019（17）：77-78.

[7]李静.园林植物造景的设计艺术与构建[J].黑龙江科学，2019，10（16）：156-157.

[8]闫芳.园林植物造景课程教学探究[J].西部素质教育，2019，5（11）：198.

[9]赵金鹏，张亚菲，张玲，等.园林专业设计与植物方向模块化课程的设置：以新疆农业大学科学技术学院为例[J].现代园艺，2019（6）：212-213.

[10]谭福娣.园林绿化设计中植物造景的作用及艺术手法研究[J].住宅与房地产，2019（3）：78.

[11]张莉，贾梦雪，郭明友.苏州网师园造景植物的变迁与保护研究[J].苏州教育学院学报，2019，36（1）：38-43.

[12]刘超.现代园林植物景观设计中"点"空间植物造景设计方法研究[J].乡村科技，2018（36）：59-61.

[13]樊国华.微课在艺术设计类专业课程中的实践与探索：以园林植物造景课程为例[J].河南农业，2017（33）：32.

[14]伍夏.重庆市艺术类院校植物造景设计课程教学研究[J].包装世界，2017（4）：59-61.

[15]徐志方.浅析X小区园林植物造景艺术设计[J].农村经济与科技，2017，28（6）：28.

[16]王增云.色彩在园林植物造景中的运用分析[J].四川水泥，2016（11）：259.

[17]赵莹，巩宁.园林植物景观的设计配置简述[J].现代园艺，2016（2）：52.

[18]陆立刚.园林景观设计中植物造景的分析[J].现代园艺，2016（18）：114-115.

[19]袁磊.城市景观设计中园林植物造景的配置[J].北京城市学院学报，2016（4）：42-45.

[20]李运生.郑州市彩叶植物造景设计分析[J].种子科技，2016，34（8）：65-66.

[21]葛旭楠.园林植物群落及其设计相关问题的探讨[J].民营科技，2016（7）：207.

[22]叶文文.园林植物造景的艺术设计和构建分析[J].现代园艺，2016（13）：109-110.

[23]罗志远.昆明市居住区园林植物造景设计探讨[J].林业建设，2016（3）：48-51.

[24]赵俊民.谈园林植物配置与造景设计[J].现代园艺，2016（6）：123-124.

[25]林瑞.论园林植物造景的互动性[J].中华文化论坛，2016（2）：74-78.

[26]李亚星.园林植物种植与造景分析：以北京奥林匹克森林公园为例[J].现代园艺，2016（4）：67.